PATOLOGIA DOS SISTEMAS PREDIAIS HIDRÁULICOS E SANITÁRIOS

www.blucher.com.br

ROBERTO DE CARVALHO JÚNIOR

PATOLOGIA DOS SISTEMAS PREDIAIS HIDRÁULICOS E SANITÁRIOS

4ª edição

Patologia dos sistemas prediais hidráulicos e sanitários
1.ª edição – 2013
2.ª edição – 2015
3.ª edição – 2018
4.ª edição – 2021
© 2021 Roberto de Carvalho Júnior
Editora Edgard Blücher Ltda.

Blucher

Rua Pedroso Alvarenga, 1245, 4º andar
04531-934 – São Paulo – SP – Brasil
Tel.: 55 11 3078-5366
contato@blucher.com.br
www.blucher.com.br

Segundo o Novo Acordo Ortográfico, conforme 5. ed. do *Vocabulário Ortográfico da Língua Portuguesa*, Academia Brasileira de Letras, março de 2009.

É proibida a reprodução total ou parcial por quaisquer meios sem autorização escrita da editora.

Todos os direitos reservados pela Editora Edgard Blücher Ltda.

Dados Internacionais de Catalogação na Publicação (CIP)
Angélica Ilacqua CRB-8/7057

Carvalho Júnior, Roberto de
   Patologia dos sistemas prediais hidráulicos e sanitários / Roberto de Carvalho Júnior. – 4. ed. – São Paulo : Blucher, 2021.
   270 p. : il.

   Bibliografia
   ISBN 978-65-5506-167-3 (impresso)
   ISBN 978-65-5506-168-0 (eletrônico)

   1. Instalações hidráulicas e sanitárias 2. Construção civil e arquitetura I. Título.

18-0249   CDD 696.1

Índice para catálogo sistemático:
1. Instalações hidráulicas e sanitárias

Dedico este trabalho aos meus queridos e inesquecíveis avós, Lucato e Lucrécia (*in memoriam*), e as minhas filhas, Lívia Beatriz e Maria Luísa.

AGRADECIMENTOS

Tive a sorte de contar com bons professores, colegas e colaboradores que, direta ou indiretamente, influenciaram este trabalho. Devo especiais agradecimentos ao arquiteto, professor e mestre Ésio Glacy de Oliveira, pelo apoio e incentivo no estudo das interfaces físicas e funcionais das instalações prediais com o projeto arquitetônico; ao engenheiro Prof. Dr. Ercio Thomaz, professor e pesquisador do Instituto de Pesquisas Tecnológicas (IPT) na área de construção civil, que, por meio de sua obra, despertou meu interesse pelo estudo das patologias da construção; ao engenheiro e mestre Sérgio Frederico Gnipper que, por meio de seu valioso trabalho na área de perícias despertou meu interesse pelo estudo das manifestações patológicas dos sistemas prediais hidráulico-sanitários.

Sou particularmente grato às bibliotecárias Marilda Colombo Liberato e Ana Paula Lopes Garcia Antunes, que colaboraram nas pesquisas; aos colegas prof. dr. eng. Marcelo Fabiano Costella e prof.ª eng.ª Gabriela Schneider de Souza Bottega, pela colaboração no capítulo sobre a NBR 15575:2013 – Edificações Habitacionais – Desempenho (Parte 6: Requisitos para os Sistemas Hidrossanitários); ao arquiteto Mario Sergio Pini, ex-diretor de relações institucionais da Pini, que sempre acreditou no meu trabalho e tornou-se um grande aliado na luta para a realização do sonho de editá-lo; e à Editora Blucher, pelo apoio e profissionalismo nessa parceria.

Roberto de Carvalho Júnior
www.robertodecarvalhojunior.com.br
rcj.hidraulica@gmail.com

PREFÁCIO 1

De acordo com diferentes pesquisas e vários autores, as instalações prediais de água em geral lideram a ocorrência de patologias nos edifícios: vazamentos, entupimentos, mau cheiro, retorno de espuma e outros problemas se repetem com certa frequência nas edificações habitacionais, escolares, comerciais e outras, causando insatisfações aos usuários, danos colaterais a outros elementos e componentes da construção, e prejuízos à saúde e ao bolso dos seus proprietários, sejam eles públicos ou privados.

Além das patologias visíveis, anteriormente exemplificadas, há patologias ocultas tão ou mais importantes, como a contaminação da água potável em reservatórios ou redes, erosões decorrentes de vazamentos, volume excessivo de água de descarga em vasos sanitários, torneiras e duchas com vazões acima das necessidades, isolação térmica inadequada de tubulações e/ou má localização de aquecedores, repercutindo em demasiada demora na chegada da água quente até os pontos de consumo. O desempenho hidráulico insatisfatório, subpressões ou sobrepressões, geralmente é acompanhado por desperdício de água, recordando-se que até chegar aos pontos de utilização essa água exigiu grandes investimentos em adutoras, reservatórios, estações elevatórias, estações de tratamento e outros.

As falhas mencionadas, e uma série enorme de outros problemas relacionados aos sistemas prediais hidrossanitários, são tratadas de forma bastante objetiva e didática no presente livro, escrito numa linguagem simples, para fácil entendimento de profissionais e estudantes de escolas técnicas e de faculdades de engenharia e arquitetura. Além de contemplar aspectos gerais relacionados a projeto, execução, uso e manutenção das instalações, o autor relaciona diversas recomendações práticas para limpeza de reservatórios de água potável, desentupimento de pias de cozinha e de vasos sanitários, correção de problemas de retorno de espuma e outros, além de incluir diversas propostas para redução dos ruídos gerados nas instalações hidrossanitárias.

Paralelamente à publicação da norma brasileira de desempenho de edificações habitacionais – ABNT NBR 15.575, em vigor desde julho de 2013, o lançamento do presente livro representa importante ferramenta para a otimização das instalações prediais de água fria e água quente, águas pluviais e sistemas de esgotos sanitários, contribuindo para a otimização do seu desempenho e para a racionalização do consumo de água.

Eng. Ercio Thomaz
Engenheiro Civil, mestre e doutor pela Escola Politécnica da USP.
Professor do curso de mestrado do IPT – Instituto de Pesquisas Tecnológicas, das disciplinas de Patologias das Edificações e Qualidade das Construções.
Pesquisador do IPT, na área de Construção Civil.
Coordenador Geral da Comissão de Estudos ABNT da norma NBR 15.575 – Desempenho de Edificação.

PREFÁCIO 2

O campo de estudo das patologias e do desempenho dos subsistemas de ativos urbanos, compreendendo edificações, sistemas (ex: viário) e redes (ex: gás) tem sido de nosso particular interesse nos últimos anos, em face da temática da Gestão da Manutenção desses mesmos ativos.

Interessou-nos participar da geração de uma plataforma de Engenharia e Informática que desse apoio à efetiva Gestão da Manutenção, antecipando-se e mitigando as ocorrências (já que as manutenções emergenciais são inevitáveis), por meio de inspeções técnicas periódicas dos ativos, possibilitando planejamento, estimativas de custos e controle dos serviços de manutenção.

O nosso esforço de engenharia definiu a montagem de uma base de dados, reunindo especificações, composições de custos, características dos serviços de manutenção, procedimentos de inspeção, de execução, de fiscalização e de conservação, patologias, e programação preditiva (essa programação, em conexão com o ciclo de vida dos produtos, durabilidade, garantias e desempenhos). Certamente, há de se concordar que parte dessas informações está à disposição de interessados, mas absolutamente dispersa nas bibliografias pertinentes ou até mesmo oculta pela indústria, ainda não aculturada pelo vetor da Norma de Desempenho e seus desdobramentos. As patologias foram pensadas e resgatadas para instruir as inspeções periódicas, e a programação preditiva, igualmente, para automatizar os processos de emissão das ordens de serviço de inspeções.

São esses aspectos vivenciados que nos fazem saudar este novo trabalho do já consagrado autor de *best-sellers* didáticos, engenheiro e professor Roberto de Carvalho Júnior, *Patologias em sistemas prediais hidráulico-sanitários*, em suas palavras, uma "cartilha de prevenção" de patologias desses sistemas. As patologias, que geralmente tem origem nas especificações pouco detalhadas de projeto, no uso indevido de materiais, nas falhas de execução, nas omissões de fiscalização, no mau uso e na falta de programação de inspeções periódicas e consequente falta de serviços de manutenção, todas vão desembocar em riscos, danos e prejuízos de alto custo social.

É possível lançar um olhar para um futuro, que esperamos seja próximo, em que projeto, execução e uso estejam justificados por preceitos de adequação e conhecimento técnico, em que os empreendimentos sejam concebidos a partir do custo total, incluindo condições de uso, conservação e manutenção, e as ocorrências e a manutenção preditiva (fundamentada em inspeções periódicas) sejam dominantemente substituídas pela manutenção preventiva (fundamentada pela vida útil). Esse tempo, podemos afirmar, teve a contribuição dos objetivos propostos e alcançados pelo presente texto do engenheiro e professor Roberto de Carvalho Júnior, mais do que oportuno, indispensável para a formação da geração afluente de novos profissionais.

Mário Sérgio Pini
Arquiteto, membro do Conselho de Administração da Pini.

PREFÁCIO 3

Patologia das construções é uma ciência inspirada na medicina, pois assim como o corpo humano precisa de cuidados, a construção também carece de atenção. Aliás, a edificação muito se assemelha ao corpo humano e entende-se que, se Deus criou o homem a sua imagem e semelhança, também a edificação foi criada a imagem e semelhança do homem. Ora, desde que este percebeu que precisava de proteção, conforto e bem-estar e que não poderia encontrar, exclusivamente na natureza, esses parâmetros, se empenhou em produzir suas proteções e se dispôs a concebê-las e, então, a construí-las. Nesse momento, o homem olhou, primeiramente para si, e fez refletir, nas edificações, os meios de satisfação de suas necessidades e de seus anseios de abrigo. Deste modo, a edificação, como reflexo do corpo humano, se assemelha muito a este: assim como o corpo humano possui ossos, analogamente as edificações têm estruturas; assim como o corpo humano tem carne e músculos que encobrem os ossos, as edificações possuem vedações; assim como temos pele que encobre e protege nossa carne, as edificações possuem revestimentos; da mesma maneira que temos veias e artérias, no nosso corpo, analogamente, as edificações possuem tubulações; da mesma forma que temos nervos, as edificações possuem instalações elétricas e assemelhados; assim como o nariz, a boca, os olhos e os ouvidos são órgãos de intercomunicação entre o interior e o exterior do corpo, as esquadrias (portas e janelas) o fazem às edificações; assim como os cabelos, nossa proteção superior, as edificações possuem coberturas.

É patente que a patologia das construções, ao longo do tempo, se concentrou nas estruturas. Não há dúvidas sobre a importância desses sistemas, contudo, da mesma maneira que o corpo humano não se constitui unicamente de ossos, também a edificação não se compõe somente de estruturas, de modo que os demais subsistemas merecem igual atenção, principalmente porque existem, nas edificações, outros subsistemas mais sujeitos a anomalias.

Nesse contexto, a relevância do presente trabalho se mostra no fato de ter preenchido uma importante lacuna, anteriormente existente dentro desta ciência e se apresenta, atualmente, como publicação única sobre o assunto.

O livro aborda, de maneira extremamente objetiva, as anomalias incidentes em sistemas hidráulico-sanitários e fornece uma orientação precisa, aos profissionais atuantes nessa área, no sentido de combatê-las.

Maior importância, ainda, se observa na sua participação dentro da, hoje, tão aclamada: "Engenharia Diagnóstica", importante área da engenharia civil, que se incumbe de investigar as causas das manifestações patológicas das construções e combatê-las, de maneira profilática ou mitigatória, desde a sua origem e com a devida eficácia para que não reincidam.

Em tempos que são encontradas consideráveis quantidades de anomalias em edificações, muitas delas diretamente atreladas aos sistemas hidráulico-sanitários, esta publicação se torna essencial à consulta dos profissionais que desejam se especializar na área ou, simplesmente, combater, de maneira eficaz, as anomalias incidentes nesses sistemas, seja na prática de reparos, construções, instalações ou projetos, mediante a inserção de parâmetros que lhes confiram melhor qualidade e maior nível de desempenho.

Prof. Dr. Eng.º Civil JOSÉ CARLOS GASPARIM

Doutor em Engenharia pela UNICAMP; Mestre em Engenharia Civil pela Escola Politécnica da USP. Graduado em Engenharia Civil pela Universidade São Francisco. Graduado em Edificações pelo Centro Federal Coordenador nacional do curso de pós-graduação em Engenharia Diagnóstica do Instituto Brasileiro de Educação Continuada (INBEC).

PREFÁCIO 4

É sempre um desafio falar de um livro sobre a Engenharia Diagnóstica, sendo esse um tema novo na Engenharia e também tão amplo, e mais ainda, este sendo assinado em conjunto pelo grande Prof. Roberto de Carvalho Júnior, o qual sempre nos brindou com excelentes aulas e sempre passando aos nossos alunos todo o seu conhecimento e expertise nessa importante área da Engenharia. Resolvi então escrever sobre aquilo de que mais gostei no trabalho do Prof. Roberto desde a primeira vez que assisti a uma de suas aulas no nosso Curso de Especialização em Engenharia Diagnóstica. Suas colocações e exemplos apresentados sobre esse tema tão fascinante, produzia no nosso grupo de alunos, nas diversas turmas em que leciona pelo nosso País, a vontade de se inteirar cada vez mais nesse tema, com o seu conhecimento prático e a riqueza de informações deixava a todos evolvidos e preparados para os desafios de sua profissão, portanto temos certeza fazerem parte do assunto que originou o livro que ora prefacio, toda essa experiências nas salas de aula do nosso citado curso, assim como a relação produzida com nosso corpo discente. Escrevo então sobre o afeto, a sensibilidade e outras várias emoções e reflexões que o trabalho do Prof. Roberto de Carvalho Júnior nos evoca. Quão interessantes e enriquecedores são as descrições feitas por esse pesquisador com formação em uma área ainda desconhecida por muitos, mas de necessidade inconteste a todos os profissionais que atuam na área da construção. Leiam como eu com um olhar de admiração e interesse, na certeza de que mesmo sendo um assunto relativamente novo no Brasil a Engenharia Diagnóstica tem tudo para nos abrir novos horizontes na compreensão das ocorrências patológicas das construções, e esse livro não só contempla, mas aprofunda e traz novos cenários de conhecimento a todos.

Antônio Bitencourt Nobre
Diretor Executivo INBEC - Instituto Brasileiro de Educação Continuada.

PALAVRAS INICIAIS

As falhas construtivas são muito comuns e tão remotas quanto os mais antigos edifícios construídos pelo homem através dos tempos. Um exemplo clássico e muito conhecido de falha construtiva é a Torre da cidade de Pisa, no norte da Itália. Projetada para abrigar o sino da catedral de Pisa, a torre foi iniciada em 1173. Seus três primeiros andares mal tinham acabado de ser erguidos quando foi notada uma ligeira inclinação na Torre. Ela já "nasceu" inclinada, e sua construção chegou a ser interrompida diversas vezes na tentativa de resolver o problema, e por esta razão se tornou famosa no mundo inteiro como exemplo clássico de patologia da construção.

Segundo o engenheiro Ercio Thomaz, pesquisador do Instituto de Pesquisas Tecnológicas (IPT), patologia das construções é o "campo da ciência que procura, de forma metodizada, estudar os defeitos dos materiais, dos componentes, dos elementos ou da edificação como um todo, diagnosticando suas causas e estabelecendo seus mecanismos de evolução, formas de manifestação, medidas de prevenção e recuperação".

Desde 11 de março de 1991, quando entrou em vigor a Lei 8.078/90, que dispõe sobre a Proteção do Consumidor, conhecida como "Código de Defesa do Consumidor – CDC", a responsabilidade profissional está, mais do que nunca, estabelecida, pois os Artigos 12º e 14º colocam em questão a efetiva participação preventiva e consciente dos profissionais. Portanto, é fundamental que o profissional esteja atento à obrigatoriedade de observância às Normas Técnicas e à execução de orçamento prévio de projeto completo, com especificação correta de qualidade, garantia contratual (contrato escrito) e legal (ART). Uma infração ao Código de Defesa e Proteção ao Consumidor coloca o profissional (pessoa física e jurídica) em julgamento, com possibilidade de rito sumaríssimo, inversão do ônus da prova e com assistência jurídica gratuita ao consumidor, provocando, assim, a obrigação de sua obediência.

Essas modificações obrigaram uma mudança de comportamento do profissional em relação aos seus clientes. Apesar dos rigores da nova lei, existe o aspecto favorável, pois, em virtude desses mesmos rigores, os profissionais técnicos, não somente da área de engenharia e arquitetura, mas de todos os segmentos da sociedade, foram compelidos a um esforço no sentido de um maior aprimoramento, qualificação e desenvolvimento, eliminando do mercado aqueles que não se adequaram.

Por outro lado, nunca se deu muita importância às instalações hidrossanitárias, pois elas ficam embutidas (ocultas) e enterradas sendo, portanto, muito comum a execução de obras sem os projetos técnicos complementares, como o projeto de instalações hidráulicas e sanitárias.

Além disso, na busca por máxima economia e utilizando-se de materiais inadequados e de qualidade inferior e uma execução rica em improvisações e gambiarras em função da ausência de projeto e baixa qualificação da mão de obra, acaba-se comprometendo a qualidade final da obra.

Por essa razão, os profissionais da área têm de conhecer profundamente as causas desses problemas que aparecem durante a execução da obra ou durante o uso do edifício após a conclusão, para que possam traçar um perfeito diagnóstico e, com isso, propor as melhores soluções técnicas para esses problemas.

Para se ter uma ideia da importância desse trabalho, de acordo com diferentes pesquisas e vários autores, as instalações prediais hidráulico-sanitárias lideram o *ranking* de patologia da construção.

É importante ressaltar que o estudo das manifestações patológicas em sistemas prediais hidráulico-sanitários não reside somente na atuação corretiva, mas na possibilidade da atuação preventiva, especialmente quando elas têm por causa falhas no processo de produção dos respectivos projetos de engenharia.

Nesse sentido, a publicação da NBR 15575:2013 Edificações habitacionais - Desempenho, foi um divisor de águas na construção civil brasileira, pois obriga as construtoras a conceberem e executarem as obras para que o nível de desempenho especificado em projeto seja atendido ao longo de uma vida útil. Sem dúvida nenhuma a publicação dessa norma garantirá um padrão mínimo de qualidade dos sistemas que compõem os edifícios, como as instalações prediais hidráulicas e sanitárias.

Como o consumidor está amparado no Código de Defesa do Consumidor (CDC), a desobediência à NBR 15575:2013, corresponde a uma infração legal, ensejando as sanções cabíveis.

Foi no decorrer de nosso trabalho profissional e acadêmico, observando e resolvendo problemas afins, que resolvemos fazer uma espécie de cartilha preventiva, de modo a melhorar a qualidade total da obra.

Para a elaboração deste livro, valemo-nos da bibliografia indicada e da experiência conquistada, no decorrer dos anos, como projetista de instalações hidrossanitárias e professor da disciplina de instalações prediais em cursos de graduação nas áreas de Engenharia Civil e Arquitetura e Urbanismo.

Cabe ressaltar que boa parte da pesquisa sobre patologia em sistemas prediais hidráulico-sanitários foi realizada, particular e principalmente, nas revistas *Téchne*, (Revista Tecnológica da Construção), editadas pela Editora Pini, com colaboração técnica do Instituto de Pesquisas Tecnológicas (IPT) do estado de São Paulo, manuais e catálogos técnicos de fabricantes de tubos e conexões (Tigre e Amanco), bem como nos catálogos de diversos fabricantes de louças, metais, aquecedores, dispositivos e equipamentos, utilizados nas instalações prediais hidráulico-sanitárias.

Portanto, algumas citações, referências de desenhos e fragmentos de parágrafos importantes, colecionados durante a pesquisa bibliográfica, bem como em navegações pela internet nos *sites* desses fabricantes, foram selecionados e parcialmente transcritos.

Aos leitores: apesar dos melhores esforços do autor, do editor e dos revisores, é inevitável que restem pontos a melhorar no texto. Assim, ficarei muito agradecido às comunicações dos leitores que apontem possíveis correções, eventuais enganos ou que contenham sugestões referentes ao conteúdo ou ao nível pedagógico que auxiliem aprimorar edições futuras. Para isso, contactem a editora Blucher ou escrevam diretamente para o autor no endereço eletrônico rcj.hidraulica@gmail.com.

CONTEÚDO

1 **VÍCIOS CONSTRUTIVOS, DEFEITOS E DANOS** 27
   Considerações gerais 27
   Defeitos e vícios construtivos... 27
   Vida útil de projeto (VUP) 28
   Prazos para reclamação de vícios e defeitos 30
   Responsabilidade pela reparação dos danos causados .. 31
   Inspeção e manutenção das instalações prediais............ 32

2 **MANIFESTAÇÕES PATOLÓGICAS EM SISTEMAS PREDIAIS HIDRÁULICOS E SANITÁRIOS** 35
   Considerações gerais 35
   Falhas de projeto 39
      Falhas de concepção sistêmica............................... 40
      Falhas de compatibilização..................................... 42
      Erros de dimensionamento..................................... 45
   Falhas de execução 47
   Qualidade dos materiais... 52
   Desgaste pelo uso das instalações 54
   Vida útil das tubulações 55

3 **PATOLOGIA DOS SISTEMAS PREDIAIS DE ÁGUA FRIA** 57
   Considerações gerais 57
   Manifestações patológicas em reservatórios 59
      Manifestações patológicas em reservatórios industrializados 61
      Manifestações patológicas em reservatórios moldados in loco 63
      Ensaio de estanqueidade de reservatório................ 64
   Contaminação da água no sistema predial..................... 64
      Infiltração de água pelas tampas 64
      Zonas de estagnação da cisterna 65
      Procedimento de limpeza do reservatório 65
      Preservação da potabilidade da água 66

Falta d'água no sistema de distribuição 66
    Pressão insuficiente para a alimentação
        o reservatório... 66
    Reservatório subdimensionado............................. 67
    Falta de água no ponto de consumo 68
Oscilações de vazão nos pontos de consumo 68
Manifestações patológicas em sistemas de recalque 68

Pressões mínima e máxima no sistema
    de distribuição... 71
Interfaces do reservatório com a pressão dinâmica....... 74
Dispositivos controladores de pressão........................... 76
Manifestações patológicas em manômetros 77
Manifestações patológicas em pressurizadores 78
Manifestações patológicas em válvulas redutoras
    de pressão 81
Vazamentos no sistema predial de água fria 85
Desperdício de água em aparelhos de utilização 94
Manutenção de torneiras 96
    Torneiras de acionamento hidromecânico 96
    Torneiras de acionamento por sensor...................... 97
    Torneiras de monocomando................................... 98
Desperdício de água em sistemas de descarga............. 99
Manutenção em sistemas de descarga 101
    Manifestações patológicas em caixas de descarga.... 101
    Manifestações patológicas em válvulas de descarga 102
Interferência da válvula na vazão das peças
    de utilização... 103
Ruídos e vibrações nas instalações prediais 105
Rupturas em tubos e conexões de PVC 109
Uso inadequado de materiais.. 118
Entupimento das tubulações pela presença de
    incrustações... 121
Entupimento de chuveiro... 123
Incidência de ar nas tubulações de água fria 125
    Incidência de ar no ramal predial 126
    Ar dissolvido na água sob pressão 127
Manutenção dos sistemas prediais de água fria e
    água quente... 127

**4 PATOLOGIA DOS SISTEMAS PREDIAIS
DE ÁGUA QUENTE**.. 129
Considerações gerais 129
Desempenho de aquecedor elétrico............................... 131
Desempenho de aquecedores a gás.............................. 131
Interfaces da instalação de aquecedor a gás
    com o projeto arquitetônico 134

Manifestações patológicas em aquecedores de passagem 136
    Vazamentos de gás 136
    Falta ou insuficiência de gás 136
    Problemas com a ventoinha 136
Manifestações patológicas em aquecedores de acumulação 137
Desempenho de aquecedor solar 137
Manifestações patológicas em sistemas de aquecimento solar 140
    Vazamentos em reservatório térmico 142
Condução de água quente com temperatura e pressão excessiva 143
Retorno de água quente para a tubulação de água fria .. 144
Oscilações de temperaturas nos pontos de água quente 146
Demora na chegada de água quente 147
Limites de temperatura do sistema de água quente 147
Perda repentina de temperatura 148
    Ausência de isolamento térmico 148
Pressão insuficiente nos pontos de utilização 149
Efeitos da dilatação e da contração térmica 150
Uso inadequado de materiais 152
Uso obrigatório do cobre 153
Vazamentos em tubulações de cobre 154

5 PATOLOGIA DOS SISTEMAS PREDIAIS DE ESGOTO SANITÁRIO 157
Considerações gerais 157
Mau cheiro proveniente das instalações de esgoto 158
    Ausência ou desconector inadequado 158
    Ausência ou vedação inadequada da saída do vaso sanitário 161
    Sistema ineficiente de vedação de caixas de inspeção e de gordura 161
Ausência ou ventilação inadequada do sistema de esgoto 165
    Ventição primária e secundária 165
    Ventilação de admissão de ar (VAA) 165
Acesso de esgoto no sistema de ventilação 169
Vazamentos em tubulações de esgoto 171
Vazamentos em aparelhos sanitários 171
Vazamentos em ralos 172
Vazamentos em pé de coluna de PVC 173
Entupimentos em ramais de esgoto 174
    Entupimento na cozinha 175

Entupimento na área de serviço (lavanderia).......... 177
Entupimento no banheiro 178
Entupimento em subcoletores de esgoto 179
Entupimento causado pelo uso inadequado de
conexões.. 179
Entupimento por ausência de declividade 181
Entupimento de tubulações de ferro fundido 182
Retorno de esgoto pela caixa sifonada 182
Desentupimento de subcoletores 184
Sistema Roto-rooter 184
Hidrojateamento 184
Vídeo inspeção 184
Retorno de espuma nas instalações de esgoto 185
Retorno de espuma pelo ponto de despejo de
água servida... 185
Retorno de espuma pela caixa sifonada 189
Refluxo de águas servidas para o sistema de
consumo.. 190
Flechas excessivas em tubulações aparentes............... 191
Espaçamento horizontal das braçadeiras................. 191
Espaçamento vertical das braçadeiras...................... 191
Transmissão de ruídos em instalações de esgoto 192
Conexões Amanco Silentium PVC 194
Defletor acústico para caixa sifonada....................... 195
Amortecedor acústico para vaso sanitário............... 195
Recalque de tubulações enterradas.............................. 196
Instruções gerais para evitar danos em tubulações
enterradas 197
Interfaces das tubulações com os elementos
estruturais 199
Deformações em tubulações de esgoto........................ 200
Práticas inadequadas na execução das instalações....... 202
Ligação de esgoto em rede de águas pluviais.............. 203

6 **PATOLOGIA DOS SISTEMAS PREDIAIS
DE ÁGUAS PLUVIAIS**.. 205
Considerações gerais 205
Infiltração de água em telhado 206
Transbordamento de calhas por seção insuficiente 206
Transbordamento de calha por ausência de
declividade... 211
Transbordamento em calha por seção insuficiente
de condutores... 212
Transbordamento de calha por acúmulo de sujeira 214
Vazamentos em calhas por falhas de execução............. 214

Infiltração de água em telhado por erros na colocação de rufos 216
Vazamentos em condutores verticais 217
    Rupturas em tubos por subpressão (vácuo) 218
    Vazamentos em condutores aparentes (expostos ao sol) 220
Vazão concentrada de água sobre telhados 221
Empoçamento de água em coberturas horizontais de laje 222
Ligação de águas pluviais em rede de esgoto 223
Uso inadequado de águas pluviais em sistemas prediais 225

7 NORMA DE DESEMPENHO NBR 15575:2013 - PARTE 6: INSTALAÇÕES HIDROSSANITÁRIAS 229

A norma de desempenho 229
Avaliação de desempenho 231
Incumbências dos intervenientes 232
Vida útil de projeto 232
O processo de projeto de sistemas hidrossanitários 235
Norma de desempenho em instalações hidrossanitárias 238
Segurança estrutural 238
    Requisito - resistência mecânica dos sistemas hidrossanitários e das instalações 238
    Requisito - solicitações dinâmicas dos sistemas hidrossanitários 242
Segurança contra incêndio 242
    Requisito - evitar propagação de chamas entre pavimento 242
Segurança no uso e operação 244
    Requisito - risco de choques elétricos e queimaduras em sistemas de equipamentos de aquecimento e em eletrodomésticos ou eletroeletrônicos 244
    Requisito - risco de explosão, queimaduras ou intoxicação por gás 245
    Requisito - temperatura de utilização da água 245
Durabilidade e manutenibilidade 246
    Requisito - vida útil de projeto das instalações hidrossanitárias 246
    Requisito - manutenibilidade das instalações hidráulicas, de esgoto e de águas pluviais 249
Saúde, higiene e qualidade do ar 250
    Requisito - contaminação biológica da água na instalação de água potável 250

Requisito - contaminação da água potável do sistema predial.. 251
Requisito - contaminação por refluxo de água......... 251
Requisito - ausência de odores provenientes da instalação de esgoto 253
Funcionalidade e acessibilidade 254
Requisito - funcionamento das instalações de água.. 254
Requisito - funcionamento das instalações de esgoto.. 254
Requisito - funcionamento das instalações de águas pluviais.. 256
Adequação ambiental 256
Requisito - contaminação do solo e do lençol freático 256

REFERÊNCIAS.. 257

VÍCIOS CONSTRUTIVOS, DEFEITOS E DANOS

CONSIDERAÇÕES GERAIS

De acordo com o Código de Defesa do Consumidor (CDC), para qualquer projeto ou execução de obras civis, é obrigatório o respeito às normas técnicas brasileiras elaboradas pela ABNT - Associação Brasileira de Normas Técnicas, e sua desobediência corresponde a uma infração legal, ensejando as sanções cabíveis. A publicação da NBR 15575:2013- Desempenho de edificações habitacionais, foi um divisor de águas na construção civil brasileira, pois obriga as construtoras a conceberem e executarem as obras para que o nível de desempenho especificado em projeto seja atendido ao longo de uma vida útil. Portanto, os elementos, componentes e instalação dos sistemas hidrossanitários devem apresentar durabilidade compatível com a vida útil de projeto.

A falta de observação das normas pertinentes, bem como a má qualidade dos materiais utilizados na construção do edifício e da mão de obra, aliadas à eventual negligencia dos construtores, podem ocasionar vícios e defeitos construtivos e, consequentemente, danos ao proprietário (morador) da edificação.

Como o consumidor está amparado no Código de Defesa do Consumidor, o desrespeito às normas elaboradas pela ABNT corresponde a uma infração legal sujeita a sanções.

DEFEITOS E VÍCIOS CONSTRUTIVOS

A norma que fixa as diretrizes básicas, conceitos, critérios e procedimentos relativos às perícias de engenharia na construção civil definindo o que é vício ou defeito construtivo é a NBR 13752:1996 - Perícias de engenharia na construção civil.

De acordo com a norma, vícios construtivos são "anomalias que afetam o desempenho de produtos ou serviços, ou os tornam inadequados aos fins a que se destinam, causando transtornos ou prejuízos materiais ao consumidor." Isso normalmente acontece em casos específicos, por exemplo, um flexível mal apertado ou uma torneira gotejando que nem torna o imóvel impróprio, nem diminui seu valor. Um profissional habilitado poderá avaliar os danos mais comprometedores.

Defeitos são "anomalias que podem causar danos efetivos ou representar ameaça potencial de afetar a saúde ou segurança do dono ou consumidor", como por exemplo elementos mal fixados que ameaçam ferir o usuário ou terceiros, como pias e vasos sanitários.

As anomalias podem ser:

- endógenas: provenientes de vícios de projeto, materiais e execução;
- exógenas: decorrentes de danos causados por terceiros;
- naturais: oriundas de danos causados pela natureza;
- funcionais: provenientes de degradação.

Os vícios e os defeitos podem ser aparentes ou ocultos. São considerados vícios e defeitos aparentes aqueles que são constatados facilmente, que podem ser notados quando da entrega do imóvel. Os demais são vícios ocultos que diminuem, ao longo do tempo, o valor do edifício ou o tornam impróprio ao uso a que se destina. Quando o imóvel foi entregue, se o consumidor tivesse conhecimento do vício oculto, poderia ter exigido um abatimento no preço ou até desistido da compra. É importante ressaltar que, de acordo com o Código de Defesa do Consumidor, no § 1º do artigo 18, dispõe que se o vício não for sanado no prazo máximo de 30 dias, o consumidor tem três alternativas, quais sejam: a substituição do produto por outro da mesma espécie; a restituição imediata da quantia paga ou o abatimento proporcional do preço.

Os danos, por sua vez, são as consequências dos vícios e defeitos que, na construção civil, afetam a própria obra, ou ao imóvel vizinho, ou aos bens, ou às pessoas nele situados, ou, ainda, a terceiros que nada tem a ver com o imóvel.

VIDA ÚTIL DE PROJETO (VUP)

De acordo com a NBR 15575:2013 -Desempenho de edificações habitacionais, a vida útil de projeto (design life) é definida pelo incorporador e/ou proprietário e projetista, e expressa previamente.

Conceitua-se ainda a vida útil estimada (predicted service life) como sendo a durabilidade prevista para um dado produto, inferida a partir de dados históricos de desempenho do produto ou de ensaios de envelhecimento acelerado.

Tabela 1.1 Exemplos de VUP aplicando os conceitos do Anexo C – NBR 15575-1:2013

Parte da edificação		Exemplos	VUP anos Mínimo	VUP anos Intermediário	VUP anos Superior
Instalações prediais embutidas em vedações e manuteníveis somente por quebra das vedações ou dos revestimentos (inclusive forros falsos e pisos elevados não acessíveis)		Tubulações e demais componentes (inclui registros e válvulas) de instalações hidrossanitários, de gás, de combate a incêndio, de águas pluviais, elétricos	≥ 20	≥ 25	≥ 30
		Reservatórios de água não facilmente substituíveis, redes alimentadoras e coletoras, fossas sépticas e negras, sistemas de drenagem não acessíveis e demais elementos e componentes de difícil manutenção e/ou substituição	≥ 13	≥ 17	≥ 20
		Componentes desgastáveis e de substituição periódica, como gaxetas, vedações, guarnições e outros	≥ 3	≥ 4	≥ 5
Instalações aparentes ou em espaços de fácil acesso		Tubulações e demais componentes	≥ 4	≥ 5	≥ 6
		Aparelhos e componentes de instalações facilmente substituíveis, como louças, torneiras, sifões, engates flexíveis e demais metais sanitários, aspersores (sprinklers), mangueiras, interruptores, tomadas, disjuntores, luminárias, tampas de caixas, fiação e outros	≥ 3	≥ 4	≥ 5
		Reservatórios de água	≥ 8	≥ 10	≥ 12
Equipamentos funcionais manuteníveis e substituíveis	Médio custo de manutenção	Equipamentos de recalque, pressurização, aquecimento de água, condicionamento de ar, filtragem, combate a incêndio e outros	≥ 8	≥ 10	≥ 12
	Alto custo de manutenção	Equipamentos de calefação, transporte vertical, proteção contra descargas atmosféricas e outros	≥ 13	≥ 17	≥ 20

Considerando periodicidade e processos de manutenção segundo a NBR 5674:2012 e especificados no respectivo manual de uso, operação e manutenção entregue ao usuário, elaborado em atendimento à NBR 14037:2011.

As considerações sobre durabilidade e vida útil estão no Anexo C (informativo) da NBR 15575:2013.

Na ausência de indicação em projeto, de acordo com a norma, deve ser adotado 20 anos ou mais para vida útil de projeto (VUP) de sistemas hidrossanitários.

O período de tempo a partir do qual se iniciam os prazos de vida útil deve ser sempre a data de conclusão do edifício habitacional, a qual, para efeitos desta Norma, é a data de expedição do auto de conclusão de edificação, "Habite-se" ou "auto de conclusão" ou outro documento legal que ateste a conclusão das obras.

Decorridos 50 % dos prazos da VUP descritos na Tabela 1.1 da NBR 15575:2013, desde que não exista histórico de necessidade de intervenções significativas, considera-se atendido o requisito de VUP, salvo prova objetiva em contrário.

Segundo a norma, convém que os fabricantes de componentes a serem empregados na construção desenvolvam produtos que atendam pelo menos à VUP mínima obrigatória e informem em documentação técnica específica as recomendações para manutenção corretiva e preventiva, contribuindo para que a VUP possa ser atingida.

Aos usuários é incumbido realizar os programas de manutenção, segundo NBR 5674:2012 - Manutenção de edificações — Requisitos para o sistema de gestão de manutenção, considerando as instruções do manual de uso, operação e manutenção e recomendações técnicas das inspeções prediais.

PRAZOS PARA RECLAMAÇÃO DE VÍCIOS E DEFEITOS

Em geral, quando for o caso de vícios ou defeitos de fácil constatação, o consumidor dispõe de um ano, após a entrega do imóvel (chaves), para reclamar à construtora responsável pela obra.

Quando se trata de vício e defeito oculto, esse prazo começa a correr a partir do momento em que tal falha é constatada. Após constatada a imperfeição oculta, o prazo é estendido até o último dia do quinto ano contado a partir da entrega da obra. Já para o defeito que afeta a solidez e a segurança da obra ou a saúde do morador, há entendimentos jurisprudenciais de que este prazo pode ser ampliado para até dez anos, contados a partir da entrega das chaves ao consumidor, e não do "Habite-se".

RESPONSABILIDADE PELA REPARAÇÃO DOS DANOS CAUSADOS

O construtor (executor da obra) tem responsabilidade pela reparação dos danos causados, independentemente da existência de culpa; basta haver relação de causa e efeito entre o dano causado e o defeito ou vício que originou esse dano.

O engenheiro responsável pela obra responde apenas se sua culpa ficar provada. A culpa é definida pelo artigo 159 do Código Civil que relata o seguinte: "Aquele que, por ação ou omissão voluntária, negligência ou imprudência, violar direito, ou causar prejuízo a outrem, fica obrigado a reparar o dano".

Nesse caso, a reparação dos danos causados exige que se prove que houve ação ou omissão voluntária, negligência ou imprudência. O profissional (engenheiro ou arquiteto) está sob o regime em que a culpa deve ser provada.

Quando da entrega das chaves, o consumidor deve receber da construtora o "Manual de Uso e Manutenção" do empreendimento, bem como as plantas com a colocação correta dos pontos de hidráulica (água e esgoto) e de elétrica (quadro de luz, tomadas e interruptores).

Depois que receber esses documentos, o consumidor torna-se responsável pelo uso e manutenção correta do imóvel. Também é importante ressaltar que caso não siga as instruções recebidas e disso decorrer algum dano ao imóvel, ele não poderá reclamar, já que o usou indevidamente. Um bom exemplo disso é quando o morador do imóvel fura uma parede sem observar o projeto hidráulico recebido da construtora e acaba perfurando uma tubulação de água. Porém, se a planta estiver errada e o cano não passar pelo local indicado na planta, a responsabilidade é do construtor que forneceu a informação incorreta.

Por outro lado, recomenda-se que as modificações ou reformas de grande vulto que serão executadas após a entrega do imóvel ao usuário também integrem os documentos citados, com a descriminação de seu responsável, preferencialmente, com a análise prévia do engenheiro ou construtor do imóvel, a fim de assegurar que as modificações pleiteadas não interfiram ou prejudiquem o mesmo.

É importante ressaltar que a responsabilidade da construtora, engenheiros e arquitetos aumentou muito com a publicação da NBR 15575:2013 - Edificações habitacionais - Desempenho. Trata-se de um conjunto de normas desenvolvidas com a finalidade de estabelecer um padrão de desempenho mínimo nas edificações habitacionais, visando à qualidade e à inovação tecnológica na construção. Assim, o desempenho está relacionado às exigências dos usuários de edifícios habitacionais e seus sistemas quanto ao seu comportamento em uso, sendo uma consequência da forma como são construídos.

INSPEÇÃO E MANUTENÇÃO DAS INSTALAÇÕES PREDIAIS[*]

A inspeção predial é fundamentalmente importante no sentido de conhecer o real estado de conservação dos edifícios com a finalidade de intervir para evitar acidentes, preservando vidas e patrimônio e evitar manifestações patológicas que comprometam o uso e o funcionamento das instalações prediais. As administradoras devem orientar e assumir as responsabilidades do síndico dando suporte técnico para a elaboração e implantação do "Programa de Manutenção Preventiva".

Após alguns episódios de desabamentos que ocorreram em diversas cidades brasileiras, legisladores agilizaram para elaborar leis que dispõem sobre a realização de vistorias técnicas periódicas e a obrigatoriedade da elaboração de laudo técnico de avaliação de edifícios. Em alguns casos, é necessária a apresentação do laudo de inspeção predial (IP) na prefeitura ou órgão designado por ela. Essas leis tentam evitar acidentes prediais.

Segundo o pesquisador do Instituto de Pesquisas Tecnológicas (IPT) do estado de São Paulo, engenheiro, Ercio Thomaz, "é um erro achar que uma construção será eterna sem haver qualquer tipo de intervenção para corrigir o desgaste que os sistemas construtivos apresentam ao longo da sua vida útil". Por essa razão, os edifícios precisam de avaliação periódica e criteriosa em todas as áreas e sistemas.

Na inspeção predial, avalia-se o real estado de conservação e manutenção da edificação, bem como o grau de criticidade das deficiências constatadas. Cabe ressaltar que existem diferentes tipos de inspeção que podem ser realizadas em um edifício. A escolha entre um ou outro modelo depende de alguns fatores como, por exemplo, o grau de profundidade e detalhamento desejado pelo inspetor, a finalidade da inspeção predial, as condições do imóvel e a complexidade dos sistemas instalados etc.

No que se refere às instalações hidráulicas, por exemplo, os procedimentos de inspeção englobam a verificação dos níveis de pressão, preservação da qualidade da água, estanqueidade do sistema, manutenção dos componentes, níveis de temperatura etc.

Depois de identificar as anomalias e falhas, as causas dessas manifestações patológicas são classificadas quanto ao grau de urgência em relação à perda de desempenho e aos riscos aos usuários com relação a algumas medidas de manutenção que devem ser

[*] Fonte: NAKAMURA, Juliana. Check-up predial. *Téchne*, São Paulo, Pini, n. 184, p. 44-51, jul. 2012.

tomadas, tais como: substituição de peças e dispositivos que estão apresentando problemas, bem como de componentes perto do fim de sua vida útil, realização de teste de estanqueidade, limpeza etc.

O maior problema para a realização desses trabalhos de inspeção reside no fato de que, enquanto alguns municípios preparam leis determinando a obrigatoriedade de inspeção predial, há questionamentos sobre a escassez de profissionais capacitados para realizar tais inspeções, o que pode dificultar a implantação dessas iniciativas, pois para preparar um laudo técnico é preciso muito preparo e conhecimento. O profissional capacitado para a inspeção predial é o engenheiro, o arquiteto ou a empresa que presta serviços de conservação e manutenção. O responsável pela inspeção predial deve estar registrado no Conselho de Profissionais: Conselho Regional de Engenharia e Agronomia (CREA) ou no Conselho de Arquitetura e Urbanismo (CAU).

É fato que a maior parte das anomalias e falhas verificadas nas edificações é resultante da negligência de seus gestores em adotar programas eficientes de manutenção predial.

Um programa de manutenção que defina claramente procedimentos periódicos de inspeção é fundamental para que a gestão da manutenção predial ocorra de forma racional e pouco custosa. O planejamento da manutenção e a elaboração dos procedimentos correspondentes devem ser realizados em conformidade com a NBR 5674:2012 - Manutenção de edificações — Requisitos para o sistema de gestão de manutenção.

De acordo com a norma, os serviços de manutenção devem ser executados por diferentes categorias de profissionais, dependendo da complexidade, do grau de risco envolvido na atividade em questão e das solicitações impostas aos componentes.

Atualmente, existem *softwares* de manutenção e gestão de manutenção que auxiliam no planejamento das atividades. Além disso, algumas empresas se especializaram nesse tipo de serviço que pode ser oferecido para os edifícios a serem customizados.

Entretanto, o maior desafio em nosso país é que não existe a cultura da necessidade de fazer manutenções periódicas em edifícios. Outro desafio é a falta de informação técnica sobre como proceder para a manutenção dos edifícios.

NORMAS IMPORTANTES

- NBR 13752:1996 - Perícias de engenharia na construção civil.
- NBR 5674:2012- Manutenção de edificações — Requisitos para o sistema de gestão de manutenção;

- NBR 15575:2013 - Desempenho de edificações habitacionais;
- NBR 14037:2014 - Diretrizes para elaboração de manuais de uso, operação e manutenção das edificações - Requisitos para elaboração e apresentação dos conteúdos;
- NBR 16280:2015 - Reforma em edificações - Sistema de gestão de reformas - Requisitos;
- NBR 16747:2020 - Inspeção predial - Diretrizes, conceitos, terminologia e procedimentos.

MANIFESTAÇÕES PATOLÓGICAS EM SISTEMAS PREDIAIS HIDRÁULICOS E SANITÁRIOS

CONSIDERAÇÕES GERAIS

O termo "patologia", é da palavra derivada da língua grega e pode ser traduzida como o estudo (lógos) das doenças (páthos). Da mesma forma como ocorre conosco, as patologias da construção civil podem se manifestar por uma série de razões. Os sintomas (manifestações patológicas) requerem estudo para prescrição do tratamento adequado. A ocorrência de patologia nas edificações implica custos adicionais (prejuízos financeiros), atraso de cronograma, insatisfação de clientes, ações jurídicas, perda de confiança na empresa responsável pela construção etc. Nos casos mais graves, acidentes sérios como desabamentos ou evacuação devido ao comprometimento da estrutura predial.

De acordo com várias pesquisas, de diversos institutos e autores, o maior percentual de patologia da construção corresponde a problemas relacionados aos sistemas prediais hidráulicos e sanitários. Com certeza isso ocorre pela pouca importância que se dá ao projeto hidráulico-sanitário.

Essas falhas podem ter origem na fase de projetos; na qualidade do material, nesse caso, o erro é do fabricante; na etapa de construção, que envolve falhas de mão de obra e (ou) fiscalização, ou, ainda, omissão do construtor; ou na etapa de uso, na qual as falhas poderão ser decorrentes da operação e manutenção das instalações.

A necessidade de avaliação do desempenho das edificações, depois de colocadas em uso, deu causa a levantamentos sistemáticos, realizados em diversos países com longa tradição de construir bem, tais como Bélgica, Grã-Bretanha, Alemanha, Dinamarca e Romênia, cujos resultados, quanto à origem das respectivas falhas, estão representadas na Figura 2.1.

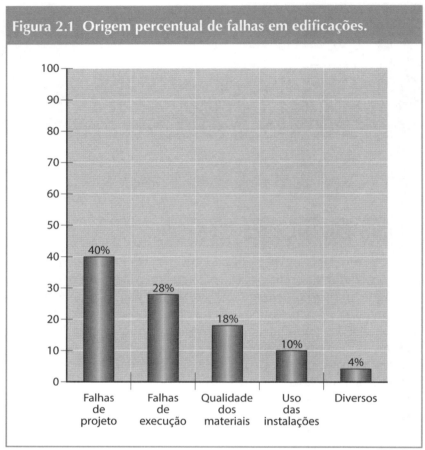

Fonte: Martins (2003).

De acordo com um trabalho apresentado no VII Workshop Brasileiro de Gestão do Processo de Projeto na Construção de Edifícios, que aconteceu em Curitiba em 2007, foram realizadas diversas perícias em instalações hidráulicas prediais pelos engenheiros Sérgio Frederico Gnipper e Jorge Mikaldo Jr., na cidade de Curitiba-PR, onde foram selecionados 24 edifícios residenciais novos e antigos, julgados mais representativos pelos autores, cujos laudos técnicos apresentam certas patologias recorrentes, grande parte das quais poderão ser evitadas em edifícios ainda a serem projetados e construídos, sob a presunção da experiência acumulada.*

A Tabela 2.1 apresenta a frequência de incidência qualitativa de inconformidades presentes e patologias manifestas nesses edifícios, subdividas em água fria (AF), água quente (AQ), combate a incêndio (INC), gás liquefeito de petróleo (GÁS), esgoto sanitário (ESG) e águas pluviais (AP). Na coluna "outro" estão apontadas patologias e inconformidades relevantes não relacionadas diretamente com esses subsistemas, porém associadas às tubulações como um todo.

---

* Fonte: MIKALDO JÚNIOR, Jorge; GNIPPER, Sérgio. *Patologias frequentes em sistemas prediais hidráulico-sanitários e de gás combustíveis decorrentes de falhas no processo de produção do projeto*. In: VII Workshop Brasileiro de Gestão do Processo de Projetos na Construção de Edifícios. Curitiba, PR, 2007.

Tabela 2.1 Características dos edifícios × patologias e inconformidades de 24 laudos

Edifícios periciados	Ano da ocupação	Anos em uso até a perícia	Número de pavimentos	Número de apartamentos	AF	AQ	INC	GÁS	ESG	AP	Outro	Total
Edifício 1	1965	38	06	24	15	02	03	02	02	02	03	29
Edifício 2	1984	17	23	18	13	02	01	03	04	-	04	27
Edifício 3	1985	17	24	18	10	04	-	04	19	07	04	48
Edifício 4	1986	14	17	14	12	05	01	04	20	03	03	48
Edifício 5	1989	16	09	10	22	05	-	08	20	09	02	66
Edifício 6	1992	09	21	32	08	01	-	-	07	02	02	20
Edifício 7	1995	08	16	78	20	-	02	2	13	09	03	49
Edifício 8	1995	08	18	54	30	-	02	-	19	11	03	65
Edifício 9	1996	08	20	56	14	06	-	09	11	06	03	49
Edifício 10	1997	05	07	08	21	10	-	06	20	12	03	72
Edifício 11	1997	04	22	64	10	-	-	01	12	01	-	24
Edifício 12	1998	04	22	72	27	01	01	08	18	08	04	67
Edifício 13	1998	06	25	42	13	07	-	08	16	07	03	54
Edifício 14	1999	05	21	60	17	01	01	07	12	01	03	42
Edifício 15	2000	02	11	16	21	05	-	02	17	14	04	63
Edifício 16	2000	04	11	14	20	04	01	07	22	13	04	71
Edifício 17	2001	04	28	144	22	12	-	08	27	13	06	88
Edifício 18	2001	02	06	24	20	08	03	10	10	06	01	58
Edifício 19	2001	05	27	22	27	11	01	05	24	16	06	90
Edifício 20	2003	03	13	45	23	17	01	06	23	10	07	87
Edifício 21	2003	04	27	21	39	22	02	10	24	12	05	114
Edifício 22	2003	04	18	112	40	-	01	10	29	22	07	109
Edifício 23	2004	02	12	24	14	04	-	10	16	06	03	53
Edifício 24	2004	01	27	27	28	10	02	03	24	08	04	79

Número de itens patologias/inconformidades existentes

Tabela 2.2 Origens dos problemas patológicos nas edificações

Falhas de projetos	Falhas de compatibilização entre os diversos projetos da obra	
	Falhas específicas de projetos	Baixa qualidade dos materiais especificados ou especificação inadequada dos materiais
		Especificação inadequada dos materiais
		Detalhamento insuficiente, omitido ou errado
		Detalhe construtivo inexequível
		Falta de clareza da informação
		Falta de padronização nas representações gráficas
		Erro de dimensionamento
Falhas de gerenciamento e execução	Falta de procedimento de trabalho	
	Falta de treinamento de mão de obra	
	Processo deficiente de aquisição de materiais e serviços	
	Processo de controle de qualidade insuficiente ou inexistente	
	Falhas ou falta de planejamento de execução	
Falhas de utilização	Utilizações errôneas dos sistemas hidráulicos prediais	
	Vandalismo	
	Mudança de uso devido às novas necessidades impostas à edificação	
Deterioração natural do sistema	Desgastes naturais dos mecanismos de vedação dos componentes das instalações hidráulicas prediais	
	Desgastes devido ao uso	
	Deterioração dos materiais	

Fonte: adaptada de Lichtenstein.

FALHAS DE PROJETO

As instalações prediais constituem subsistemas que devem ser integrados ao sistema construtivo proposto pela arquitetura, de forma harmônica, racional e tecnicamente correta.

Quando não há coordenação e/ou entrosamento entre o arquiteto e os profissionais contratados para a elaboração dos projetos complementares, podem ocorrer falhas nos processos de produção dos projetos que, certamente, aparecerá depois, durante a execução da obra, gerando inúmeras improvisações para solucionar os problemas surgidos.

De acordo com alguns estudos, um elevado percentual de patologia nas edificações é originado nas fases de planejamento e projeto da edificação. Algumas, inclusive, somente serão percebidas depois de executada a obra, durante o uso das instalações, causando sérios aborrecimentos e prejuízos ao usuário (proprietário) do imóvel. Essas falhas são geralmente bem mais graves que as relacionadas à qualidade dos materiais e aos métodos construtivos. Isso se explica pela falta de investimento dos proprietários, sejam eles públicos ou privados, em projetos mais elaborados e, detalhados, fazendo com que a busca pura e simples de projetos mais em conta, ou seja, mais "baratos", implique muitas vezes na necessidade de adaptações e improvisações durante a fase de execução da obra e, futuramente, em problemas de ordens funcional e estrutural do edifício.

Portanto, diferentemente de outras áreas, na construção civil, o projeto mais barato pode se transformar em uma construção onerosa, repleta de vícios e falhas construtivas.

Na fase de projeto dos sistemas prediais, os erros podem ocorrer por falhas de concepção sistêmica, erros de dimensionamento, ausência de especificações de materiais e de serviços, insuficiência ou inexistência de detalhes construtivos etc. Essas falhas também ocorrem por falta de compatibilização entre os projetos envolvidos na construção do edifício.

Para evitar falhas de projeto, o primeiro passo é a contratação de um engenheiro (projetista), qualificado para a elaboração do projeto hidráulico-sanitário. Na hora da contratação também é importante garantir com o engenheiro contratado o acompanhamento dos processos de execução e de realimentação do projeto, com a confecção do projeto *as built* incluído. Para a realização desses serviços, devem ser estipulados honorários à parte.

Também podem existir falhas devido ao não entendimento do projeto na hora da execução. A interface entre projeto e execução deve estar bem alinhada, pois, caso contrário, pode causar prejuízos futuros, quando a correção do problema pode ser muito mais difícil e onerosa. Por essa razão, é importante informar ao projetista contratado, após fase de ocupação, sobre os problemas ocorridos, a fim de aperfeiçoar os próximos projetos.

Dada a complexidade e variedade dos componentes que constituem o sistema hidrossanitário e a fim de que ele atenda à ABNT NBR 15575-1:2013 (vida útil ≥ 20 anos), considerando-se ainda que a vida útil também é função da agressividade do meio ambiente, das características intrínsecas dos materiais e dos solos, os componentes podem apresentar vida útil menor do que aquelas estabelecidas para o sistema hidrossanitário como vida útil de projeto. Assim, no projeto deve constar o prazo de substituição e manutenções periódicas pertinentes, em atendimento a NBR 5674:2012 - Manutenção de edificações -Requisitos para o sistema de gestão de manutenção.

FALHAS DE CONCEPÇÃO SISTÊMICA

A quantidade e a complexidade dos equipamentos utilizados em instalações prediais vêm crescendo muito nos últimos anos. Nas instalações de água e esgoto, por exemplo, é possível listar uma série de itens que até pouco tempo não faziam parte do escopo básico dos edifícios residenciais, como estações de tratamento, sistemas de medição individualizada de água, aparelhos de aquecimento solar, equipamentos de reúso de águas pluviais, entre outros.

O grande desafio para os projetistas de instalações é organizar tudo isso em um espaço físico restrito e cada vez mais limitado pelo projeto arquitetônico.[*]

Essa compatibilização entre os projetos é fundamental para racionalizar a instalação e garantir a facilidade de manutenção da mesma. O problema é que nem sempre isso ocorre e o resultado dessa incompatibilidade pode se manifestar de diversas formas. Uma delas é a ausência de espaço para a instalação dos hidrômetros de medição individualizada, exigida por lei em alguns municípios. Outros exemplos são: insuficiência de espaço na casa de bombas e ruídos que podem ser provocados, entre outros motivos, por bombas centrífugas instaladas indevidamente em subsolos de prédios, sem qualquer tipo de tratamento acústico.

Além da organização desses equipamentos nas áreas comuns, o arquiteto deve estabelecer corretamente as dimensões das áreas molhadas (banheiro, cozinha e lavanderia), levando em consideração as áreas ergonômicas das peças de utilização.

---

[*] Fonte: NAKAMURA, Juliana. Cada coisa em seu lugar. *Techné*, São Paulo, Pini, n. 156, p. 30-32, mar. 2010.

Figura 2.2 Organização dos equipamentos prediais.

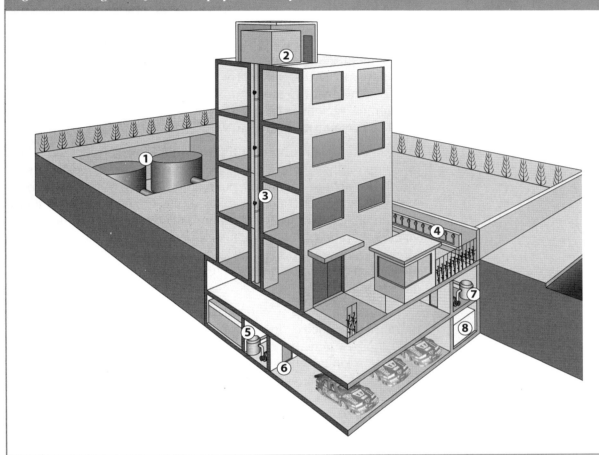

1 – Estações de tratamento de esgotos
Precisam estar na quota mais baixa do terreno para evitar estações elevatórias (bombas). Também requerem local livre do tráfego de veículos e, preferencialmente, o mais longe possível da edificação por causa do mau cheiro que eventualmente podem emanar.

2 – Reservatórios superiores de água
Como o próprio nome indica, devem estar acima dos pontos de consumo. Tanto nos reservatórios inferiores quanto nos superiores, o mais importante é dimensioná-los corretamente.

3 – Válvulas redutoras de pressão
Podem ser alocadas junto ao shaft de descida de água fria.

4 – Central de gás
Além de ser corretamente dimensionada, precisa estar em ambiente externo, com ventilação. Deve-se evitar a instalação em subsolo. Embora a norma permita em alguns casos, recomenda-se que a central de gás esteja fora da projeção da edificação.

5 – Reservatórios de água inferiores
Podem ficar no subsolo.

6 – Bombas de recalque de água fria
Podem ser instalados no subsolo, mas devem estar próximas ao reservatório inferior.

7 – Bombas de recalque para incêndio (ex.: hidrantes e chuveiros automáticos)
Devem estar junto à reserva de incêndio. Podem ser colocadas em local superior ou inferior, desde que acessível.

8 – Reservatório para combate ao incêndio
O dimensionamento depende da legislação local. Em cidades que exigem reserva muito grande, o reservatório deve ser colocado no subsolo ou no pavimento térreo.

Fonte: Ernesto Salem Engenharia (*Techné*, São Paulo, Pini, n. 156, p. 30-32, mar. 2010).

FALHAS DE COMPATIBILIZAÇÃO

O arquiteto ou engenheiro responsável pelo gerenciamento de projetos deve promover reuniões periódicas de compatibilização com os projetistas contratados para a elaboração dos projetos complementares (estrutural, hidráulico, elétrico etc.). Os profissionais responsáveis pelos projetos devem trabalhar em conjunto para desenvolver projetos compatibilizados e integrados de forma harmônica, racional e tecnicamente correta ao sistema construtivo proposto pela arquitetura.

Um exemplo muito comum de falha de projeto devido a falta de compatibilização entre os projetos arquitetônico, estrutural e hidráulico acontece quando, com a intenção de otimizar o projeto e racionalizar as instalações, o arquiteto projeta compartimentos com instalação hidráulica (banheiros, cozinhas e lavanderias) de forma rebatida, utilizando a mesma parede hidráulica. Para isso, são necessários alguns conhecimentos sobre as características técnicas de alguns equipamentos, dispositivos e materiais utilizados nas instalações.

Para rebater esses compartimentos, em uma mesma parede hidráulica, primeiro, deve ser levada em consideração a passagem dos tubos, principalmente do tubo de queda de esgoto, quando se trata de residências assobradadas ou prédios com mais de dois pavimentos. O diâmetro desses tubos é, normalmente, 100 mm; portanto, essa parede deverá ter uma largura suficiente para comportar as tubulações embutidas. Outro aspecto importante a ser analisado são as dimensões da válvula de descarga adotada. O modelo tradicional, mais robusto, exige parede de um tijolo; para as versões mais compactas, basta parede de meio tijolo. As válvulas têm, aproximadamente, 10 cm de profundidade; por essa razão, duas bacias sanitárias não poderão ser rebatidas no mesmo eixo, quando a largura da parede for inferior a 20 cm.

Para a passagem das tubulações verticais em paredes sobre vigas, podem ser adotadas soluções com *shafts*, ou seja, dutos verticais especialmente projetados para abrigar as prumadas hidráulicas. A utilização dos *shafts* é muito vantajosa em edifícios com vários pavimentos, pois permite a inspeção das tubulações, sem quebras ou demolições e imediata identificação, caso ocorra algum problema.

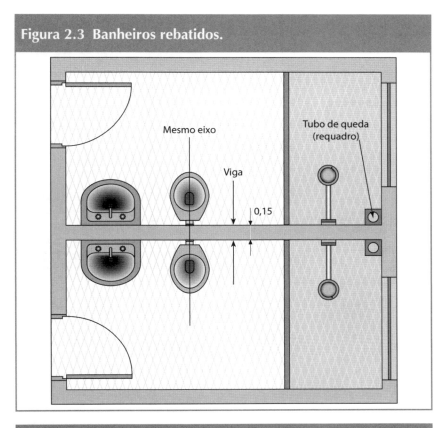

Figura 2.3 Banheiros rebatidos.

Figura 2.4 Solução de projeto com parede engrossada.

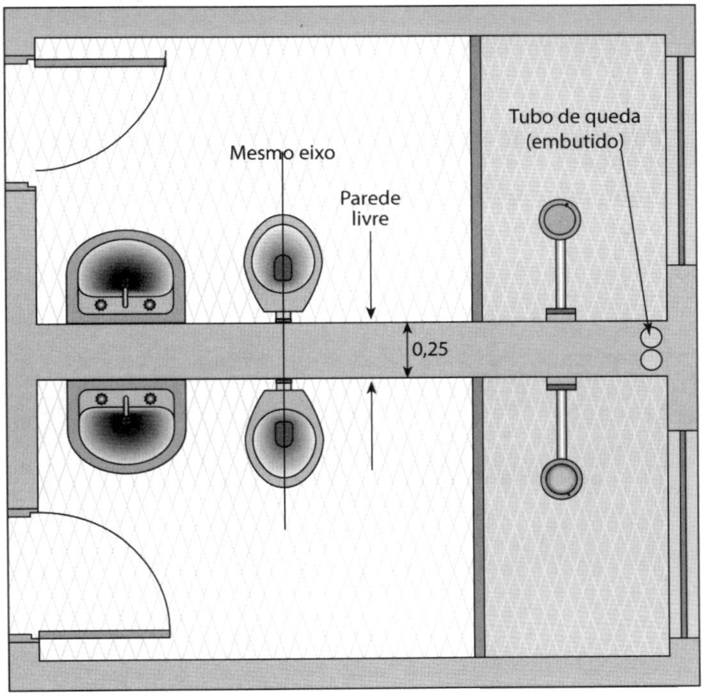

Figura 2.5 Solução de projeto com *shaft* para banheiros rebatidos.

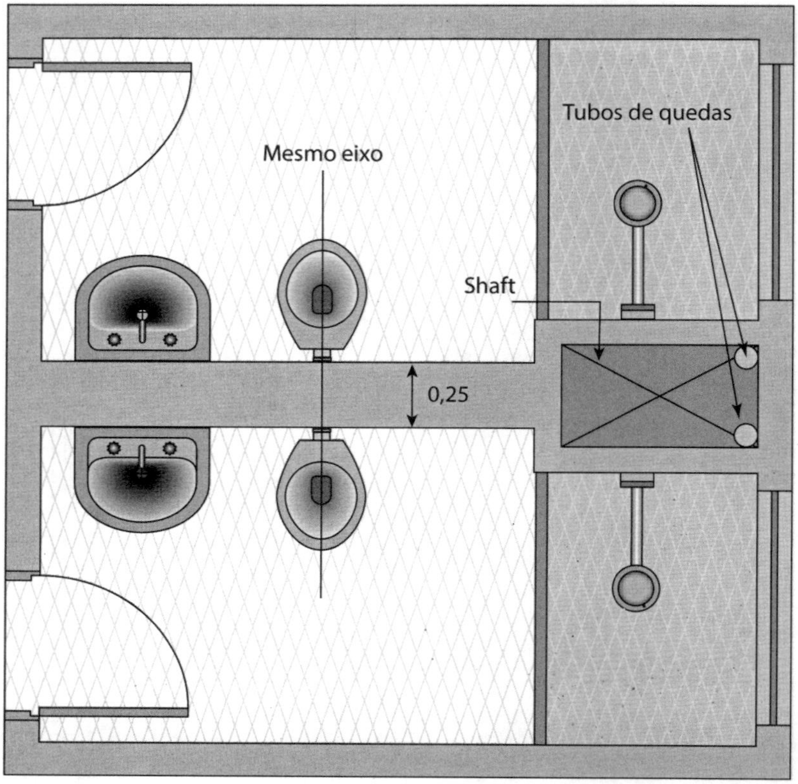

Figura 2.6 Cozinhas rebatidas.

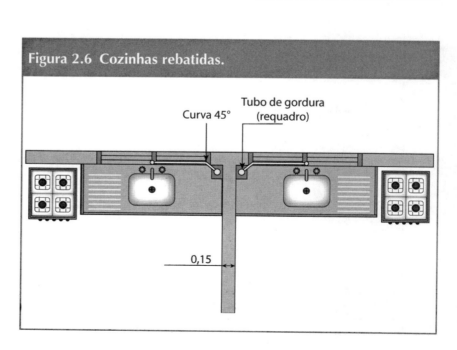

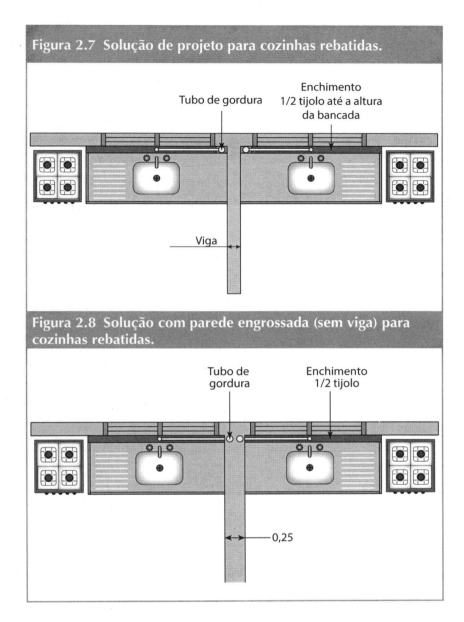

Figura 2.7 Solução de projeto para cozinhas rebatidas.

Figura 2.8 Solução com parede engrossada (sem viga) para cozinhas rebatidas.

ERROS DE DIMENSIONAMENTO

Uma das falhas mais graves de projeto diz respeito ao dimensionamento das instalações. A contratação de um engenheiro qualificado é o principal fator para a elaboração de um projeto seguro e exeqüível. O projeto completo de instalações prediais hidráulico-sanitários compreende: memorial de cálculo, especificações de materiais e equipamentos, desenhos (plantas, perspectivas isométricas, detalhes construtivos), enfim, todos os detalhes necessários ao perfeito entendimento do projeto.

O dimensionamento das instalações prediais hidráulico-sanitárias é ponto-chave da fase de projeto. Portanto, a contratação de um engenheiro qualificado é o principal fator para a elaboração de um projeto seguro e exequível.

Um erro grave de dimensionamento, por exemplo, é a ausência da planilha de cálculo. De acordo com a NBR 5626:2020 - Sistemas prediais de água fria e água quente - Projeto, execução, operação e manutenção, "o dimensionamento das tubulações do sistema de distribuição deve ser efetuado para promover o abastecimento de água com vazões e pressões conforme parâmetros de projeto.

Para o dimensionamento das tubulações é necessário que fiquem perfeitamente definidos, para cada trecho da canalização, os quatro parâmetros hidráulicos do escoamento: vazão, velocidade, perda de carga e pressão.

A elaboração de uma planilha de cálculo é muito útil para o projetista, pois permite o conhecimento das pressões em todas as suas derivações (ramais e sub-ramais. Através dessas pressões pode-se verificar as pressões de funcionamento dos diversos aparelhos em qualquer pavimento do edifício (principalmente a pressão dinâmica do chuveiro do último pavimento que é considerada a mais crítica).

Figura 2.9 Planilha de cálculo de instalações prediais de água fria e água quente.

PLANILHA DE CÁLCULO DE INSTALAÇÕES PREDIAIS DE ÁGUA FRIA														
Coluna	Trecho	Pesos		Vazão Q (L/s)	Diâmetro D (mm)	Velocidade (m/s)	Comprimentos			Pressão disponível (mca)	Perda de carga		Pressão disponível (mca)	Pressão mínima do aparelho (mca)
		unitário	acumulado				Real (m)	Equival. (m)	Total (m)		Unitário (mca)	Total (mca)		

FALHAS DE EXECUÇÃO

As instalações hidráulico-sanitárias devem ser executadas rigorosamente de acordo com os respectivos projetos e especificações, bem como as prescrições das normas da ABNT- Associação Brasileira de Normas Técnicas, pertinentes.

As falhas de execução podem ocorrer devido a negligência ou falta de capacitação do instalador, modificação do projeto sem consulta prévia ao autor do mesmo, falta de fiscalização e/ou acompanhamento do engenheiro ou responsável técnico pela obra, durante a etapa de execução das instalações.*

A baixa qualidade de mão-de-obra é um entrave para a fiscalização. Alguns erros de execução ocorrem quando o instalador modifica o projeto de instalações hidráulico-sanitárias sem consulta prévia ao autor do mesmo. Por mais que se exija o cumprimento de um projeto, quase sempre haverá problema na hora da execução das instalações.

O uso de ferramentas de forma inadequada também pode comprometer as instalações. Por esse motivo, a instalação de tubos e conexões deve ser executada por profissionais capacitados, que dominem a aplicação do produto e conheçam as normas de aplicação. É muito comum, por exemplo, a ocorrência de vazamentos decorrentes do aperto excessivo de registros, uniões, flanges etc.; excesso de fita veda-rosca e vedante inadequado. Por conseguinte, é importante verificar se os filetes de rosca estão íntegros (não danificados).

Se não forem tomados os devidos cuidados na execução das instalações de água e de esgoto, além dos vazamentos e infiltrações, estes erros podem afetar não apenas a aparência (com o surgimento de manchas nas paredes) como também o sistema elétrico ou, até mesmo, a integridade estrutural da edificação.

Com relação à falta de fiscalização e/ou acompanhamento do engenheiro ou responsável técnico pela obra, o cenário é mais preocupante ainda quando a construtora ou contratante não compreende o que é fiscalização, confundindo a atividade com o gerenciamento. A fiscalização da obra faz parte do escopo do gerenciamento, sendo uma atividade mais restrita; consiste em verificar: se as etapas planejadas na etapa de gerenciamento estão sendo cumpridas; se tecnicamente a obra está correta e se o dinheiro despendido corresponde ao previsto em contrato.

Além das falhas já citadas, impactos no transporte, no manuseio ou durante a sua utilização também podem causar rupturas nos tubos. A estocagem e o transporte correto dos tubos também podem interferir na qualidade dos materiais. O carregamento e o descarregamento devem ser executados sempre pelas laterais do caminhão, evitando danificar os tubos. Não é recomendável sobrepor as bolsas e/ou curvar os tubos; permitir contato com extremidades

* Fonte: MIKALDO JÚNIOR, Jorge; GNIPPER, Sérgio. *Patologias frequentes em sistemas prediais hidráulico-sanitários e de gás combustíveis decorrentes de falhas no processo de produção do projeto*. In: VII Workshop Brasileiro de Gestão do Processo de Projetos na Construção de Edifícios. Curitiba, PR, 2007.

pontiagudas; colocar materiais ou ferramentas sobre o tubo; andar sobre os tubos e(ou) arrastá-los.

Para a estocagem dos tubos na obra, deve-se procurar locais de fácil acesso e à sombra, livre de ação direta do sol. Assim como no transporte, os tubos não agrupados em feixes devem ser empilhados com as pontas e as bolsas alternadas.[*]

Outra falha grave diz respeito ao ensaio de estanqueidade do reservatório, das tubulações e das peças de utilização. Isso porque o ensaio está previsto na NBR 15575:2020 - Edificações habitacionais - Desempenho, que possui força de lei.

Para realizar o ensaio de estanqueidade em sistemas prediais de água fria, a tubulação deverá estar limpa e cheia de água a 20°C, sem nenhum bolsão de ar no seu interior. Deve-se instalar uma bomba no ponto de utilização e injetar água sob pressão lentamente (este equipamento deve possuir manômetro para que possa ler as pressões).

O valor da pressão de ensaio deve ser de 600 kPa (60 m.c.a.) ou 1,5 vez a máxima pressão de trabalho; o que for menor. Por exemplo, se em uma instalação temos uma pressão estática (água parada) de 24 m.c.a., a pressão de ensaio será: 36 m.c.a. O sistema é considerado estanque caso não sejam detectados vazamentos ou queda de pressão manométrica por um período mínimo de 1 h após a estabilização da pressão.

No caso de ser detectado vazamento, este deve ser reparado e o ensaio deve ser repetido (não deve ocorrer queda de pressão durante o ensaio).

O ensaio de estanqueidade em tubulações do sistema predial de água quente deve ser realizado com água com temperatura mínima de 80° C, antes da aplicação de eventual isolamento térmico ou acústico ou antes de serem recobertas.

Com relação às instalações prediais de esgoto também são necessários procedimentos de ensaio de recebimento (ensaio com água e ensaio ou com fumaça), conforme prescrição da NBR 8160:1999 - Sistemas prediais de esgoto sanitário - Projeto e execução.

---

[*] Fonte: Manual Técnico Tigre.

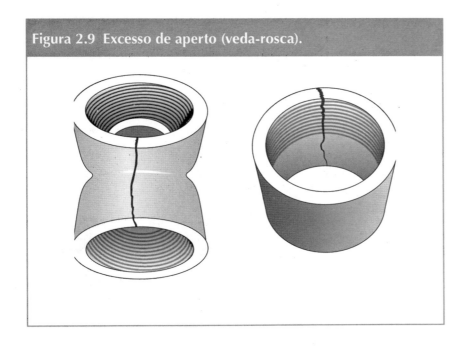

Figura 2.9 Excesso de aperto (veda-rosca).

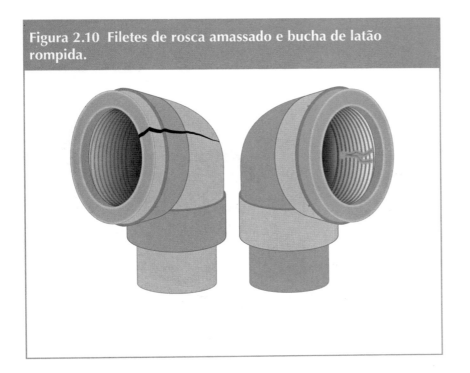

Figura 2.10 Filetes de rosca amassado e bucha de latão rompida.

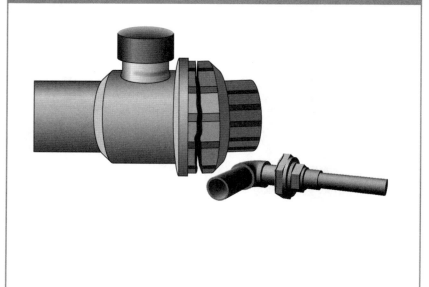

Figura 2.11 Registro e uniões com marcas que evidenciam o uso de ferramentas que provocou aperto excessivo.

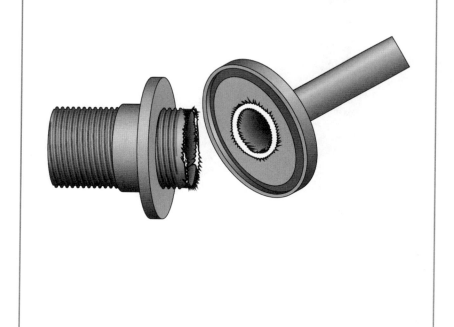

Figura 2.12 Aperto excessivo do flange.

Figura 2.13 Armazenamento correto de tubos.

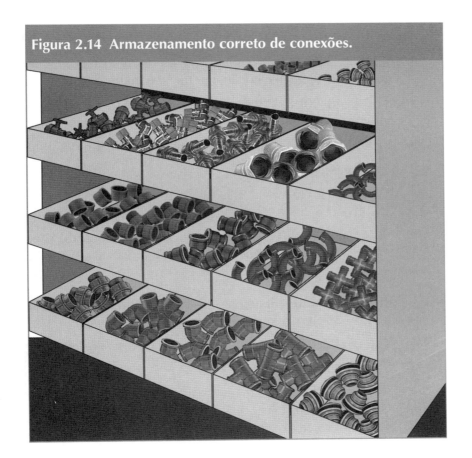

Figura 2.14 Armazenamento correto de conexões.

QUALIDADE DOS MATERIAIS

A qualidade dos materiais é a terceira causa (em percentual de incidência) de patologia em sistemas prediais hidrossanitários. O uso de materiais inadequados e de qualidade inferior na busca por máxima economia, execução com muitas improvisações e "gambiarras" e baixa qualificação na mão de obra também são fatores que interferem no surgimento de patologia em sistemas prediais hidráulicos e sanitários.

A qualidade dos materiais é fundamental para que não ocorram patologia nos sistemas prediais. Por essa razão, deve-se priorizar a escolha de produtos que atendam às especificações normativas e de projeto. A utilização de produtos normatizados é fundamental, pois os produtos fora da norma podem causar prejuízos decorrentes de vazamentos, infiltrações ou até mesmo contaminações (no caso das tubulações de esgoto).

NORMAS APLICÁVEIS

A seguir apresentam-se as principais normas aplicáveis aos tubos e conexões utilizados em instalações prediais hidráulico-sanitárias:

Tubos e conexões de PVC marrom soldáveis e branco roscáveis:

- NBR 5626:2020 - Sistemas prediais de água fria e água quente - Projeto, execução, operação e manutenção.
- NBR 5648: 2018 - Tubos e conexões de PVC-U com junta soldável para sistemas prediais de água fria – Requisitos.
- NBR 5680:1977 - Dimensões de tubos de PVC rígido.

Tubos e conexões de cobre:

- NBR 5626:2020 - Sistemas prediais de água fria e água quente - Projeto, execução, operação e manutenção.
- NBR 13206:2010 - Tubo de cobre leve, médio e pesado, sem costura, para condução de fluidos – Requisitos.

Tubos de ferro galvanizado:

- NBR 5626:2020 - Sistemas prediais de água fria e água quente - Projeto, execução, operação e manutenção.
- NBR 5580:2015 - Tubos de aço-carbono para usos comuns na condução de fluidos – Especificação.

Tubos e conexões de CPVC:

- NBR 5626:2020 - Sistemas prediais de água fria e água quente - Projeto, execução, operação e manutenção.

- NBR 15884-1:2011 - Sistemas de tubulações plásticas para instalações prediais de água quente e fria - Policloreto de vinila clorado (CPVC) Parte 1: Tubos – Requisitos.
- NBR15884-2:2011 - Sistemas de tubulações plásticas para instalações prediais de água quente e fria - Policloreto de vinila clorado (CPVC) - Parte 2: Conexões – Requisitos.
- NBR 15884-3:2010 - Sistema de tubulações plásticas para instalações prediais de água quente e fria - Policloreto de vinila clorado (CPVC) Parte 3: Montagem, instalação, armazenamento e manuseio.

Tubos e conexões de PPR

- NBR 5626:2020 - Sistemas prediais de água fria e água quente - Projeto, execução, operação e manutenção.
- NBR 15813-1:2018 - Sistemas de tubulações plásticas para instalações prediais de água quente e fria - Parte 1: Tubos de polipropileno copolímero random PP-R e PP-RCT - Requisitos.
- NBR15813-2:2018 - Sistemas de tubulações plásticas para instalações prediais de água quente e fria- Parte 2: Conexões de polipropileno copolímero random PP-R e PP-RCT - Requisitos
- NBR 15813-3:2018 - Sistemas de tubulações plásticas para instalações prediais de água quente e fria - Parte 3: Tubos e conexões de polipropileno copolímero random PP-R e PP--RCT - Montagem, instalação, armazenamento e manuseio.

Polietileno reticulado (PEX)

- NBR 5626:2020 - Sistemas prediais de água fria e água quente - Projeto, execução, operação e manutenção.
- NBR 15939-1:2011 - Sistemas de tubulações plásticas para instalações prediais de água quente e fria — Polietileno reticulado (PEX) Parte 1: Requisitos e métodos de ensaio.
- NBR 15939-2:2011 - Sistemas de tubulações plásticas para instalações prediais de água quente e fria — Polietileno reticulado (PEX) Parte 2: Procedimentos para projeto.
- NBR 15939-3:2011 - Sistemas de tubulações plásticas para instalações prediais de água quente e fria — Polietileno reticulado (PE-X) Parte 3: Procedimentos para instalação.

Tubos e conexões de PVC-U (linha industrial)

- NBR 8160:1999 - Sistemas prediais de esgoto sanitário - Projeto e execução.

- NBR 5688:2018 - Tubos e conexões de PVC-U para sistemas prediais de água pluvial, esgoto sanitário e ventilação – Requisitos.

Ferro Fundido

- NBR 8160:1999 - Sistemas prediais de esgoto sanitário - Projeto e execução.
- NBR 6916: 2018 - Ferro fundido nodular ou ferro fundido com grafita esferoidal — Especificação.
- NBR 6927: 2015 - Peças brutas de ferro fundido nodular - Afastamentos dimensionais.

DESGASTE PELO USO DAS INSTALAÇÕES

Toda edificação está fadada ao desgaste natural decorrente da ação do tempo sobre suas estruturas, pois as tubulações têm uma vida útil que pode ser maior ou menor, dependendo do tipo de material e das condições de utilização. Com o passar dos anos, os prédios começam a apresentar algumas patologias decorrentes do uso das instalações, tais como: vazamentos, infiltrações e falhas no funcionamento de equipamentos e instalações.

Portanto, é um erro achar que uma construção será eterna sem haver qualquer tipo de intervenção para corrigir o desgaste que os sistemas prediais apresentam ao longo de sua vida útil.

Pode-se dizer que a vida de um edifício tem duas fases: a sua construção e o uso. Uma série de problemas relativos à sua durabilidade pode ser resolvida durante sua construção. Um bom projeto, uma orientação adequada, o correto atendimento às normas e ao programa de uso, a qualidade dos materiais empregados e os critérios técnicos adotados na sua construção são procedimentos importantes que vão determinar essa durabilidade. Consequentemente, durante a segunda fase, a de uso, uma série de problemas começam a surgir devido ao desgaste pela utilização indevida das peças empregadas. Por essa razão em pouco tempo, alguns serviços serão necessários para, em certos casos, repor as condições originais, e em outros, fazer algum tipo de instalação dentro de padrões de qualidade que possibilitem um melhor uso da construção. Isso gera custos adicionais e imprevistos.[*]

A durabilidade das tubulações em uso nos edifícios depende de uma série de fatores, cuja estimativa é difícil de ser feita com precisão. Entre esses fatores destacam-se:

- obediência às normas de instalações existentes, pertinentes aos materiais utilizados;

- observação das orientações técnicas do produto conforme estipulado no manual técnico de cada fabricante;
- observação da natureza do material dos tubos e conexões (PVC, cobre, aço galvanizado, ferro fundido etc.);
- observação do tipo de junta (solda, rosca com vedante, fusão pelo calor, fusão por adesivo solvente, anel de borracha elástico);
- observação das condições de exposição (embutido em alvenaria, dentro de argamassa de contrapiso de laje, instalação aparente com e sem incidência de radiação solar, sujeição a variações térmicas, sujeição a movimentações e acomodações estruturais, sujeição a oscilações cíclicas de pressão interna);
- observação da natureza química e temperatura do líquido transportado pela tubulação (água potável clorada, água quente, esgoto doméstico, águas pluviais e outros);
- utilização adequada ao tipo de fluido usado diariamente. Não interferindo as características técnicas da tubulação com o tipo de fluido utilizado, como por exemplo, água quente, numa instalação de material destinado à água fria.

É importante ressaltar que, para evitar manifestações patológicas decorrentes do uso das instalações, faz-se necessária a adoção de programas e técnicas de inspeções periódicas e de manutenção predial, a prática da verdadeira manutenção preventiva, compatível com a importância do sistema predial.

VIDA ÚTIL DAS TUBULAÇÕES

Os fabricantes precisam informar as características de desempenho dos seus produtos de modo compatível com as exigências de desempenho da NBR 15575:2013, principalmente em relação à durabilidade. Além disso, a Norma de Desempenho menciona que para a vida útil de projeto (VUP) mínima poder ser atingida é necessário que os fabricantes de materiais e componentes que serão utilizados nas construções informem em documentação técnica as recomendações necessárias para a manutenção corretiva e preventiva.

Entretanto, para que essa vida útil possa ser atingida é fundamental que no manual de uso, operação e manutenção sejam definidos os processos de manutenção, bem como sua periodicidade. Esse manual deve ser entregue ao usuário, que deve cumprir as manutenções previstas conforme estabelecido na NBR 15575-6:2013 - Edificações habitacionais - Desempenho.

* Fonte: ROCHA, Hildebrando Fernandes. Importância da manutenção predial preventiva. *Holos*, ano 23, v. 2, 2007.

PATOLOGIA DOS SISTEMAS PREDIAIS DE ÁGUA FRIA

3

CONSIDERAÇÕES GERAIS

Uma instalação de água fria constitui-se no conjunto de tubulações, equipamentos, reservatórios e dispositivos destinados ao abastecimento dos aparelhos e pontos de utilização de água da edificação, em quantidade suficiente, mantendo a qualidade da água fornecida pelo sistema de abastecimento.

O sistema predial de água fria e quente deve fornecer água na pressão, vazão e volume compatíveis com o uso, associado a cada ponto de utilização, considerando a possibilidade de uso simultâneo.

O desenvolvimento do projeto das instalações prediais de água fria deve ser conduzido concomitantemente com os projetos de arquitetura, estrutura, fundações e outros pertinentes ao edifício, de modo que se consiga a mais perfeita compatibilização entre todos os requisitos técnicos e econômicos envolvidos. A norma que especifica requisitos para projeto, execução, operação e manutenção de sistemas prediais de água fria e água quente é a NBR 5626:2020, da Associação Brasileira de Normas Técnicas (ABNT).

De acordo com a norma, as instalações prediais de água fria devem ser projetadas de modo que, durante a vida útil de projeto desses sistemas do edifício, atendam aos seguintes requisitos:

- preservar a potabilidade da água;
- assegurar o fornecimento de água de forma contínua, em quantidade adequada e com pressões e vazões compatíveis com o funcionamento previsto dos aparelhos sanitários, peças de utilização e demais componentes e em temperaturas adequadas ao uso.
- considerar acesso para verificação e manutenção.
- prover setorização adequada do sistema de distribuição.
- evitar níveis de ruído inadequados à ocupação do ambiente.

- proporcionar aos usuários peças de utilização adequadamente localizadas, de fácil operação.
- minimizar a ocorrência de patologia.
- considerar a manutenibilidade.
- proporcionar o equilíbrio de pressões de água fria e quente a montante de misturadores convencionais, quando empregados.

Figura 3.1 Partes constituintes de uma instalação de água fria.

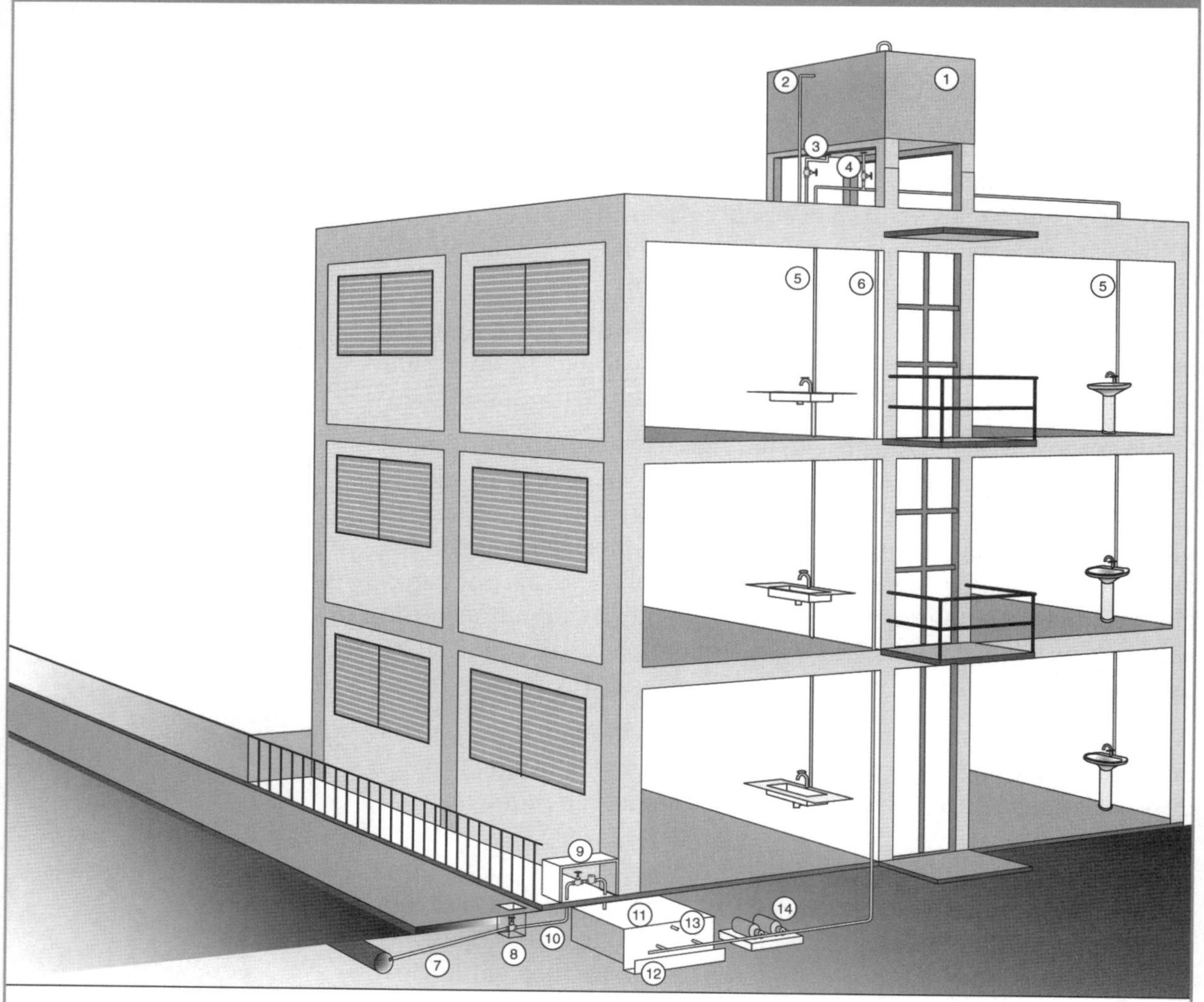

1 – Reservatório superior
2 – Extravasor
3 – Limpeza
4 – Barrilete
5 – Coluna de distribuição
6 – Recalque
7 – Ramal predial
8 – Registro na calçada
9 – Cavalete
10 – Alimentador predial
11 – Reservatório inferior
12 – Canaleta limpeza
13 – Extravasor
14 – Conjunto motor-bomba

MANIFESTAÇÕES PATOLÓGICAS EM RESERVATÓRIOS

Existem dois tipos de reservatórios nas instalações prediais: moldados in loco e industrializados.

São considerados moldados in loco os reservatórios executados na própria obra. Podem ser de concreto armado, alvenaria etc. São utilizados, geralmente, para grandes reservas e construídos conjuntamente com a estrutura da edificação, seguindo o projeto específico.

Os reservatórios industrializados normalmente são usados para pequenas e médias reservas (capacidade máxima em torno de 1.000 litros a 2.000 litros). Em casos extraordinários, podem ser fabricados sob encomenda para grandes reservas (principalmente os reservatórios de aço).

Os reservatórios pré-fabricados de polietileno, aço inox e poliéster com fibra de vidro vêm sendo muito utilizados nas instalações prediais devido a algumas vantagens que apresentam em relação aos demais reservatórios: em função de sua superfície interna ser lisa, acumulam menos sujeira que os demais, sendo, portanto, mais higiênicos; são mais leves e têm encaixes mais precisos, além da facilidade de transporte, instalação e manutenção. Outra vantagem desses reservatórios é que são fabricados também para médias e grandes reservas, ocupando muito menos espaço que os convencionais de menor capacidade.

Os reservatórios de concreto devem ser executados de acordo com a NBR 6118:2014 – Projeto de Estruturas de Concreto – Procedimento. Alguns cuidados com a impermeabilização também são importantes. Para tanto, deve ser consultada a NBR 9575:2010 – Impermeabilização – Seleção e Projeto.

A quantidade de água que o reservatório vai receber deve estar de acordo com o projeto do empreendimento, assegurando uma reserva de emergência e de incêndio nas células instaladas dentro do reservatório.

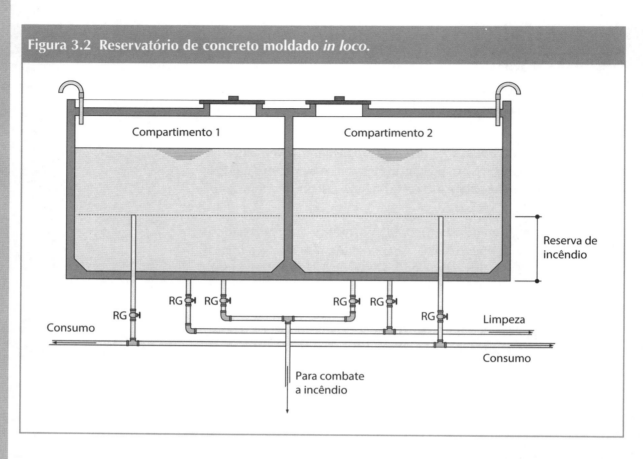

Figura 3.2 Reservatório de concreto moldado *in loco*.

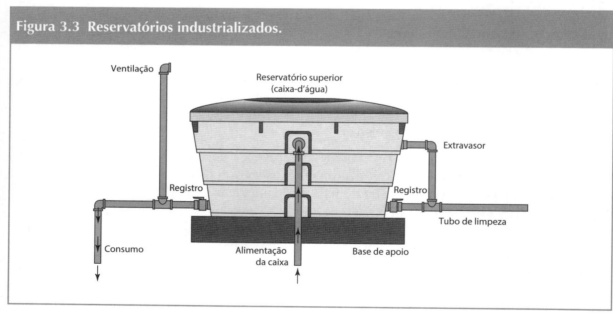

Figura 3.3 Reservatórios industrializados.

MANIFESTAÇÕES PATOLÓGICAS EM RESERVATÓRIOS INDUSTRIALIZADOS

Na compra de um reservatório industrializado, devem-se verificar sempre as especificações das normas pertinentes.

As normas da ABNT para caixas-d'água plásticas são: NBR 14799:2018 - Reservatório com corpo em polietileno, com tampa em polietileno ou em polipropileno, para água potável de volume nominal até 3 000 L (inclusive) - Requisitos e métodos de ensaio; NBR 14800:2018 - Reservatório com corpo em polietileno, com tampa em polietileno ou em polipropileno, para água potável de volume nominal até 3 000 L (inclusive) - Transporte, manuseio, instalação, operação, manutenção e limpeza.

Os reservatórios domiciliares devem ser providos obrigatoriamente de tampa que impeça a entrada de animais e corpos estranhos; preservar os padrões de higiene e segurança ditados pelas normas; ter especificação para recebimento relativa a cada tipo de material, inclusive métodos de ensaio.

Na instalação de reservatórios industrializados, devem ser tomados alguns cuidados especiais. A caixa-d'água deve ser instalada em local ventilado e de fácil acesso para inspeção e limpeza. Recomenda-se um espaço mínimo em torno da caixa de 60 cm, podendo chegar a 45 cm para caixas de até 1.000 litros. O reservatório deve ser instalado sobre uma base estável, capaz de resistir aos esforços sobre ela atuantes. A base, preferencialmente de concreto, deve ter a superfície plana, rígida e nivelada sem a presença de pedriscos pontiagudos capazes de danificar a caixa; a furação também é importante: além de ferramentas apropriadas, o instalador deve verificar os locais indicados pelo fabricante antes de começar o procedimento.

Apesar das especificações das normas e recomendações de projeto, na instalação de reservatórios industrializados é muito comum a ocorrência de alguns erros. Os vazamentos normalmente ocorrem pelos seguintes motivos:

- ruptura na superfície da base (curvatura parede/base);
- vazamento entre a parede da caixa e o flange do adaptador;
- vazamento pela tampa;
- condensação nas paredes da caixa.

Os vazamentos devidos a ruptura na superfície da base podem ocorrer quando: a caixa-d'água for assentada em base com dimensões menores que as da base da caixa; a caixa-d'água for assentada em sarrafos de madeira; a superfície de assentamento estiver irregular. Para corrigir esses erros, deve-se substituir a caixa-d'água, corrigir as dimensões da base de assentamento, colocar uma chapa plana de madeira sobre os sarrafos e providenciar base de assentamento lisa, nivelada, sem ressaltos e sem materiais pontiagudos.

Outro erro que se verifica com frequência na instalação de reservatórios industrializados são furações em locais não recomendados pelo fabricante. Antes da furação, o encanador deve se certificar de que o reservatório tenha no mínimo 3 furos, sendo um para a entrada de água, um para a saída de água e um terceiro para o extravasor (ladrão). Para o procedimento, devem ser utilizadas serras copo compatíveis com os diâmetros dos adaptadores autoajustáveis.

O vazamento entre a parede da caixa e o flange do adaptador muitas vezes ocorre porque o furo na caixa-d'água está maior do que deveria para o diâmetro do adaptador com flange. Nesse caso, a solução é instalar um adaptador com um flange maior. Se o furo foi feito fora da área com rebaixo plano, a única solução é substituir a caixa. Se o anel de vedação do adaptador com flange está deformado ou fora da posição adequada, ou se o adaptador com flange está frouxo, também pode ocorrer vazamento. Quando isso acontece, a solução é corrigir o posicionamento do anel de vedação e apertar corretamente o adaptador com flange para caixa-d'água.

Vazamentos em reservatórios industrializados também ocorrem quando a caixa está excessivamente cheia, transbordando água pela tampa devido a problemas de funcionamento na torneira bóia. A solução para isso é corrigir o problema na torneira bóia ou substituí-la. Também é importante a instalação de um extravasor na caixa para evitar seu transbordamento.

A instalação do reservatório em ambientes mal ventilados também pode ocasionar vazamentos devido à condensação nas paredes da caixa. Para evitar esse tipo de problema é fundamentalmente importante providenciar aberturas no ambiente, melhorando a circulação de ar.

Figura 3.4 Instalação inadequada sobre sarrafos de madeira.

Figura 3.5 Furações em locais não recomendados pelo fabricante.

MANIFESTAÇÕES PATOLÓGICAS EM RESERVATÓRIOS MOLDADOS IN LOCO

As principais manifestações patológicas em reservatórios moldados in loco podem ser identificadas através de: manchas brancas devidas a carbonatação do concreto, presença de estalactites pela lixiviação do concreto, manchas marrons devido à oxidação das armaduras, manchas circulares ou elípticas indicativas de falhas de concretagem e fissuras nas paredes.

As causas principais de infiltrações e vazamentos nos reservatórios são: erros de projeto ou de execução, materiais utilizados e falta de manutenção. Os erros de projeto normalmente acontecem devido a falta de impermeabilização, dimensionamento estrutural e especificação inadequada de materiais e traços. Os principais erros de execução são: formas e concretagem mal executadas, impermeabilização e juntas de concretagem mal executadas e instalações das tubulações mal executadas. Também poderão ocorrer algumas manifestações patológicas relacionadas a qualidade dos materiais (baixa qualidade, pouca resistência e muita permeabilidade).

A falta de inspeções periódicas (manutenção), bem como a falta de limpeza interna dos reservatórios também contribuem para o surgimento de vazamentos ou agravamento de vazamentos já existentes.

ENSAIO DE ESTANQUEIDADE DE RESERVATÓRIO

O reservatório deve ser preenchido com água até o nível máximo permitido pelo mecanismo de controle de nível.

Durante o ensaio deve-se observar se ocorrem vazamentos no reservatório e em suas conexões ou escoamento pelo extravasor.

De acordo com a NBR 5626:2020, o reservatório é considerado estanque caso não sejam detectados vazamentos ou extravasamentos durante um período de 72 horas.

CONTAMINAÇÃO DA ÁGUA NO SISTEMA PREDIAL

A água proveniente da rede pública de abastecimento passa por um controle de qualidade para mantê-la dentro dos padrões exigidos pelo Ministério da Saúde. Por essa razão, a água distribuída pelas concessionárias estão isentas de micro-organismos até chegar aos reservatórios domiciliares. Porém, caso o reservatório não esteja devidamente limpo e desinfectado, a água pode tornar-se inadequada para o consumo.

Todo reservatório deve ser construído com material adequado, para não comprometer a potabilidade da água.

Mesmo assim, um dos principais inconvenientes do uso dos reservatórios, além do custo adicional, é de ordem higiênica, pela facilidade de contaminação, principalmente para os usuários que se localizam próximos de locais específicos da rede de distribuição, como pontas de rede, onde, em geral, a concentração de cloro residual é, muitas vezes, inexistente.

Em geral, a localização imprópria do reservatório, a negligência do usuário em relação à sua conservação, a falta de cobertura adequada e de limpezas periódicas são os principais fatores que contribuem para a alteração da qualidade da água no sistema predial.

INFILTRAÇÃO DE ÁGUA PELAS TAMPAS

A contaminação da água também pode estar relacionada com as tampas de acesso às câmaras do reservatório elevado, devido a falta de detalhamento dos reservatórios (às vezes, o projeto de arquitetura nem contempla a locação desses itens) ou devido a execução e instalação incorreta, com grande possibilidade de admissão de água contaminada em seu interior. A principal causa de ausência ou problema das tampas de acesso aos reservatórios é a falta de compatibilização de projetos (arquitetônico, estrutural e hidráulico-sanitário).

As tampas que dão acesso ao reservatório devem ser estanques em seu fechamento, impedindo a entrada de insetos, roedores e sujeiras que venham a comprometer a potabilidade da água. Os reservatórios comerciais feitos em fibra de vidro e afins, ao contrário dos reservatórios edificados em concreto armado, já vem com suas tampas fabricadas de forma correta e estanques.

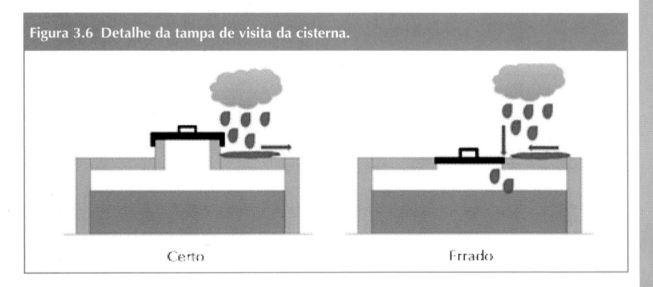

Figura 3.6 Detalhe da tampa de visita da cisterna.

ZONAS DE ESTAGNAÇÃO DA CISTERNA

Outra causa de contaminação da água é a existência de zonas de estagnação na cisterna. O reservatório deve ter uma forma geométrica e volumetria que favoreça o contínuo fluxo de mistura por igual da água, não permitindo zonas de estagnação que comprometam o seu equilíbrio de potabilidade.

PROCEDIMENTO DE LIMPEZA DO RESERVATÓRIO

A limpeza e desinfecção do reservatório é garantia de higiene, profilaxia e segurança dos usuários do sistema predial de abastecimento.

Por isso, é extremamente importante a limpeza periódica do reservatório (pelo menos duas vezes ao ano), para garantir a potabilidade da água, a qual pode ser veículo direto ou indireto para transmissão de doenças.

A limpeza e desinfecção dos reservatórios deve obedecer aos requisitos estabelecidos no Anexo F - Procedimento de limpeza e desinfecção do sistema de água fria e quente da NBR 5626:2020.

Depois de interromper o abastecimento e escoar toda a água do reservatório até que o nível de fundo seja atingido, fazer a limpeza física para remover as sujidades, encher o reservatório e remover a água pela tubulação de limpeza, retirando todo o líquido e sujidades do reservatório.

Depois de fazer a limpeza física, encher novamente o reservatório e com o sistema preenchido com água potável, adicionar um litro de hipoclorito de sódio a 2,5 % para cada 1.000 litros de água. Manter o sistema em repouso por no mínimo 2 horas e permitir o escoamento da água com a concentração de cloro livre descrita em cada trecho da tubulação.

Após a desinfecção, abastecer novamente o reservatório com água potável e coletar amostras da água das peças de utilização linearmente mais a jusante da fonte de abastecimento para a constatação da potabilidade da água.

PRESERVAÇÃO DA POTABILIDADE DA ÁGUA

De acordo com a NBR 5626:2020 - Sistema prediais de água fria e água quente - Projeto, execução, operação e manutenção, a potabilidade da água no sistema predial deve ser monitorada periodicamente. Atenção especial deve ser dada aos reservatórios de água fria e quente e todas as partes acessíveis dos componentes que têm contato com a água devem ser limpas periodicamente. Caso seja constatada eventual contaminação da água do sistema, deve-se determinar e eliminada a sua causa. Neste caso, o sistema de água fria (água quente) deve ser submetido a um procedimento que restaure as condições de preservação da potabilidade da água.

FALTA D'ÁGUA NO SISTEMA DE DISTRIBUIÇÃO

Normalmente, a falta d'água no sistema predial acontece em três situações: quando falta água na rede pública de abastecimento, quando o reservatório não enche por completo (pressão insuficiente para alimentá-lo) ou quando o reservatório está subdimensionado. A falta d'água também pode ocorrer de forma isolada em algum ponto da instalação.

PRESSÃO INSUFICIENTE PARA A ALIMENTAÇÃO DO RESERVATÓRIO

A água da rede pública apresenta uma determinada pressão, que varia ao longo da rede de distribuição. Dessa maneira, se o reservatório domiciliar ficar a uma altura não atingida por essa pressão, a rede não terá capacidade de alimentá-lo. Como limite prático, recomenda-se que a altura do reservatório com relação à via pública não deve ser superior a 9 m. Quando o reservatório não pode ser alimentado diretamente pela rede pública, deve-se utilizar um sistema de recalque, que é constituído, no mínimo, de dois reservatórios (inferior e superior). O inferior será alimentado pela rede de distribuição e alimentará o reservatório superior por meio de um sistema de recalque (conjunto motor e bomba). O superior alimentará os pontos de consumo por gravidade. Portanto, o reservatório inferior e o sistema de recalque se fazem necessários em prédios com mais de três pavimentos (acima de 9 m de altura).

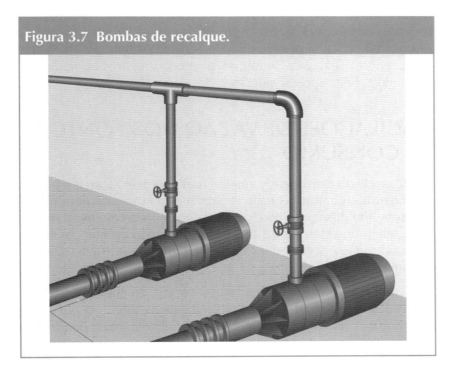

Figura 3.7 Bombas de recalque.

RESERVATÓRIO SUBDIMENSIONADO

A falta d'água no sistema predial de água fria também pode estar relacionada com o subdimensionamento do reservatório de água potável. De acordo com a NBR 5626:2020, os reservatórios deverão ser dimensionados de forma a garantir o abastecimento contínuo e adequado de toda a edificação. O volume de água reservado para uso doméstico deve ser, no mínimo, o necessário para 24 horas de consumo normal no edifício, e deve considerar eventual volume adicional de água para combate a incêndio quando esse estiver armazenado conjuntamente.

Em alguns casos, tendo em vista a intermitência do abastecimento da rede pública; e no caso de edifícios de múltiplos pavimentos, recomenda-se adotar uma reserva de água para dois dias de consumo, por precaução contra eventuais falhas no sistema elevatório.

FALTA DE ÁGUA NO PONTO DE CONSUMO

A falta de água no ponto de utilização (consumo) pode ocorrer por vários motivos: caixa d'água superior vazia (verificar se há falta momentânea no fornecimento de água, se há algum entupimento momentâneo no ramal predial ou na torneira de boia); registro geral fechado; presença de ar no interior da tubulação; obstrução do interior de conexão por excesso de adesivo (substituir a conexão e proceder a soldagem seguindo os procedimentos adequados e evitando aplicar excesso adesivo).

OSCILAÇÕES DE VAZÃO NOS PONTOS DE CONSUMO

Quando ocorre repentinamente oscilações de vazão nos pontos de consumo (em alguns casos a vazão é insuficiente para o bom desempenho dos aparelhos) pode ser entupimento parcial devido à presença de sujeira no interior da tubulação ou nos pontos de utilização. Isso ocorre com mais frequencia em torneiras com arejadores.

Também deve-se verificar se os pontos de consumo são alimentados diretamente pela rede pública de água ou por caixa d'água superior. No caso de alimentação direta da rede pública, existem variações da pressão em determinados períodos. No caso de sistema indireto através do reservatório superior podem ser adotadas as seguintes soluções: simplificar o traçado da tubulação e redimensionar o diâmetro das tubulações, tentar aumentar a altura de instalação da caixa d'água ou instalar um pressurizador.

MANIFESTAÇÕES PATOLÓGICAS EM SISTEMAS DE RECALQUE[*]

Bombas centrífugas

Em razão de seu tamanho reduzido, se comparadas àquelas utilizadas em sistemas de abastecimento público, essas bombas utilizadas em sistemas de recalque quase não apresentam problemas. Porém devem ser verificados os seguintes itens:

---

[*] Fonte: GONÇALVES, Orestes Marraccini. In: PRADO, Racine Tadeu de Araújo (org.). *Execução e manutenção de sistemas hidráulicos prediais*. São Paulo, Pini, 2000.

- sinais de vazamentos na bomba ou nas tubulações;
- sobreaquecimento do motor;
- ruídos anormais;
- má fixação na base;
- vibrações anormais;
- sinais de corrosão;
- cabos elétricos descascados, aquecidos ou soltos.

Uma verificação periódica, pelos menos a cada quinze dias, de cada um desses itens permitirá que os defeitos sejam detectados antes de causarem grandes prejuízos ou mesmo a interrupção do funcionamento do sistema de recalque.

É importante também a verificação desses itens nas bombas de incêndio ou outras bombas para serviços eventuais.

Em edifícios altos pode ocorrer transmissão de ruídos na operação de bombas de recalque, caso o conjunto motor-bomba não esteja assentado sobre base firme, normalmente, de concreto, de forma a absorver as vibrações. A base de concreto deve ter dimensões um pouco maiores que a base do conjunto para receber os parafusos chumbadores. O interior da base deverá ser preenchido com argamassa efetuada com produtos que evitem a retração durante o processo de cura, bem como proporcionam fluidez adequada para o total preenchimento do interior da base, não permitindo vazios. No caso da ocorrência ruídos em sistemas de recalque, é importante também verificar a sobrepressão máxima quando da parada da bomba (a velocidade do fluido deve ser inferior a 10 m/s).

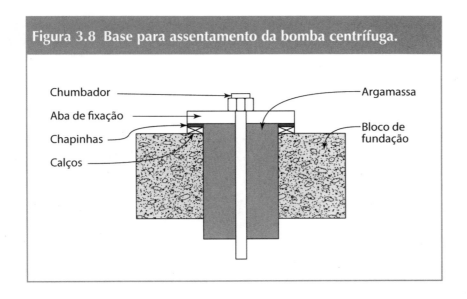

Figura 3.8 Base para assentamento da bomba centrífuga.

Deformação em tubulações de recalque

Além de um espaço adequado para a instalação e operação das bombas, os registros de gaveta do sistema elevatório precisam ser operados de forma correta para que não haja problemas nas tubulações de recalque e sucção.

Se um dos registros do sistema estiver fechado por esquecimento, pode ocorrer o aquecimento da água na tubulação de recalque e sucção da bomba e, consequentemente, a deformação dos tubos.

Se ocorrer alguma deformação nos tubos, deve-se verificar o dimensionamento da bomba e se ela está sendo operada corretamente. Os trechos danificados devem ser substituídos imediatamente para evitar futuros vazamentos e a bomba deve ser substituída, caso se comprove que está subdimensionada.

Para que os registros sejam abertos antes do funcionamento da bomba e não haja esquecimento por parte do operador, é importante colocar placas de aviso em cada registro com orientações para que sejam abertos antes de ligar a bomba.

Rupturas em conexões do sistema de recalque

O tensionamento devido a vibrações da tubulação também pode ocasionar rupturas em conexões do sistema de recalque. Nesse caso, deve ser verificado se as vibrações ocorrem devido ao funcionamento de bomba-d'água ou deficiência de apoios. Para evitar essas vibrações, é importante fixar bem a base instalando um mangote de borracha entre a tubulação e a bomba de recalque. A deficiência de apoios pode ser corrigida adotando apoios rígidos, espaçamentos adequados e ancoragens próximas às mudanças de direção.

Figura 3.9 Deformação em tubulações de recalque e sucção.

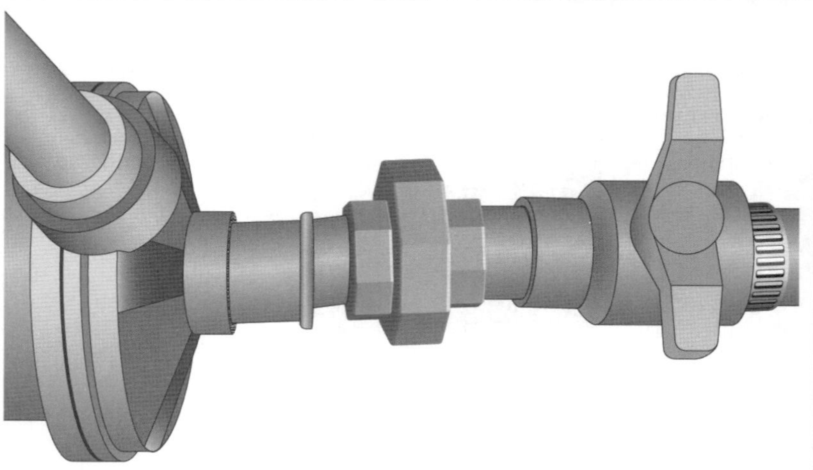

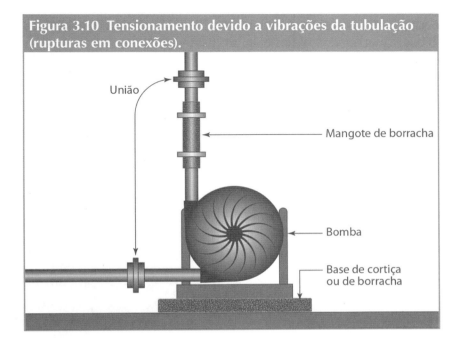

Figura 3.10 Tensionamento devido a vibrações da tubulação (rupturas em conexões).

PRESSÕES MÍNIMA E MÁXIMA NO SISTEMA DE DISTRIBUIÇÃO

Nos edifícios mais altos, o reservatório de água instalado sobre a cobertura, geralmente sobre a caixa de escada, gera diferentes pressões. Quanto maior a diferença de cota do ramal em relação ao reservatório, maior a pressão. Isso significa que, nos pavimentos mais baixos, maior será a pressão da água nos pontos de consumo.

A pressão elevada pode contribuir para as perdas e desperdício de água no sistema hidráulico de várias maneiras, quais sejam: frequência de rupturas, golpe de aríete ou fornecimento de água em quantidade superior à necessária numa torneira, chegando até mesmo a comprometer o funcionamento de equipamentos específicos.

Em residências, o problema pode ocorrer principalmente nas torneiras de jardim ou outros pontos que sejam abastecidos diretamente pela rede pública, quando esta apresenta pressão elevada.

Constatada a existência de pressão superior à necessária, devem ser especificados dispositivos adequados a cada caso como, por exemplo, restritores de vazão, placas de orifício ou válvulas redutoras de pressão.

Pressão estática

Com relação à pressão estática, a norma NBR 5626:2020 diz o seguinte: "Em uma instalação predial de água fria, em qualquer ponto, a pressão estática máxima não deve ultrapassar 400 kPa (40 m.c.a.) (metros de coluna d'água)". Isso significa que a diferença entre a altura do reservatório superior e o ponto mais baixo da instalação predial não deve ser maior do que 40 m.

Uma pressão acima desse valor ocasionará ruído, golpe de aríete e manutenção constante nas instalações. Dessa maneira, devem-se tomar alguns cuidados com edifícios com mais de 40 m de altura, normalmente edifícios com mais de treze pavimentos convencionais (pé-direito de 3 m × 13 = 39 m).

A solução mais utilizada pelos arquitetos e projetistas para evitar problemas com a pressão estática, por ocupar menos espaço, é o uso de válvulas redutoras de pressão. Esses dispositivos reguladores de pressão normalmente são instalados no subsolo do prédio.

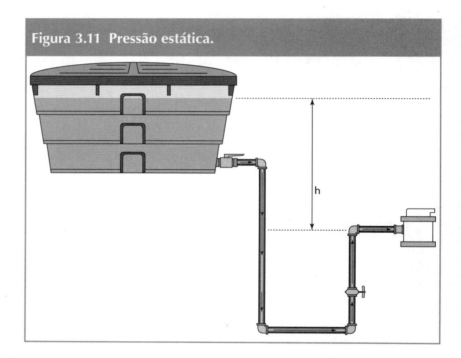

Figura 3.11 Pressão estática.

Pressão dinâmica

Com relação à pressão dinâmica, de acordo com a NBR 5626:2020, "em qualquer ponto da rede predial de distribuição, a pressão da água em regime de escoamento não deve ser inferior a 5 kPa (0,5 m.c.a.), excetuados os trechos verticais de tomada d'água nas saídas de reservatórios elevados para os respectivos barriletes em sistemas indiretos, em que a pressão dinâmica mínima em cada ponto é dada pelo correspondente desnível geométrico ao nível d'água de cota mais baixa no reservatório, descontada a perda de carga até o ponto considerado." Esse valor visa impedir que o ponto crítico da rede de distribuição, geralmente o ponto de encontro entre o barrilete e a coluna de distribuição, possa obter pressão negativa.

Para que as peças de utilização tenham um funcionamento perfeito, a pressão dinâmica da água nos pontos de utilização não deve ser inferior a 10 kPa (1 m.c..a.). O fabricante deve definir os valores-limites da pressão dinâmica para as peças de utilização de sua produção, respeitando sempre as normas específicas.

Uma pressão insuficiente nas peças de utilização, em desconformidade com as pressões estabelecidas pelos fabricantes, ocasionará um mau funcionamento dos aparelhos sanitários. Por outro lado, uma pressão excessiva na peça de utilização tende a aumentar desnecessariamente o consumo de água. Portanto, em condições dinâmicas, os valores das pressões nessas peças devem ser controlados, para resultarem próximos aos mínimos necessários.

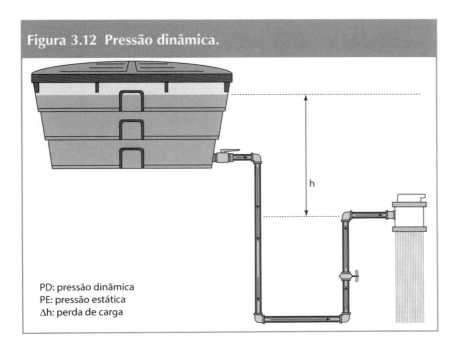

Figura 3.12 Pressão dinâmica.

PD: pressão dinâmica
PE: pressão estática
Δh: perda de carga

Pressão de serviço

A ocorrência de sobrepressões devidas a transientes hidráulicos deve ser considerada no dimensionamento das tubulações. De acordo com a NBR 5626:2020, "estas sobrepressões em relação à pressão dinâmica prevista em projeto são admitidas desde que não superem 200 kPa (20 m.c.a.)". Com relação a sobrepressão máxima quando da parada de bombas de recalque a velocidade do fluido deve ser inferior a 10 m/s. O projeto pode estabelecer velocidades acima desse valor desde que estejam previstos dispositivos redutores. O nível para aceitação é o atendimento aos valores estabelecidos para as velocidades previstas em projeto.

Alguns profissionais da construção civil que executam instalações em prédios com grandes alturas, às vezes, utilizam tubos metálicos, pensando que estes são mais resistentes que os tubos de PVC. É importante ressaltar que o conceito de pressão máxima independe do tipo de tubulação, pois a norma não faz distinção quanto ao tipo de material.

INTERFACES DO RESERVATÓRIO COM A PRESSÃO DINÂMICA

A altura do reservatório é determinante no cálculo das pressões dinâmicas nos pontos de utilização de água.

Dessa maneira, independentemente do tipo de reservatório, deve-se posicioná-lo a uma determinada altura, para que as peças de utilização e aparelhos sanitários tenham um funcionamento perfeito.

É importante lembrar que a pressão dinâmica não depende do volume de água contido no reservatório, e sim da altura do reservatório e das perdas de carga.

Cabe ao arquiteto compatibilizar os aspectos técnicos para o posicionamento da caixa-d'água e sua proposta arquitetônica. Porém, a altura da caixa-d'água deve ser calculada pelo engenheiro hidráulico e, depois, compatibilizada com as alturas estabelecidas nos projetos arquitetônico e estrutural.

Além da altura, a localização inadequada do reservatório no projeto arquitetônico (distante dos pontos de utilização) também pode interferir na pressão da água nos pontos de utilização. Isso se deve às perdas de carga que ocorrem durante o percurso da água na rede de distribuição.

O reservatório deve ser localizado o mais próximo possível dos pontos de consumo. O ideal seria localizá-lo em uma posição equidistante dos pontos de consumo, diminuindo, consequentemente, as perdas de carga e a altura necessária para compensar essas perdas.

A perda de carga em uma canalização pode ser entendida como sendo a diferença entre a energia inicial e a energia final de um líquido, quando ele flui em uma canalização de um ponto a outro.

As perdas de carga poderão ser: distribuídas (ocasionadas pelo movimento da água na tubulação) ou localizadas (ocasionadas por conexões, válvulas, registros etc.). Portanto, maior comprimento de tubos, maior número de conexões, tubos mais rugosos e menores diâmetros geram maiores atritos e choques e, consequentemente, maiores perdas de carga e menor pressão nas peças de utilização.

É importante lembrar que, na prática, não existe escoamento em tubulações sem perda de carga. O que deve ser feito é reduzi-la aos níveis aceitáveis para que não ocorra uma diminuição de pressão nas peças de utilização. Os tubos de PVC, por terem paredes mais lisas, oferecem menores perdas de carga.

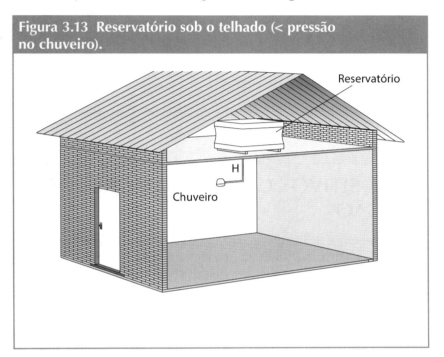

Figura 3.13 Reservatório sob o telhado (< pressão no chuveiro).

Figura 3.14 Reservatório sobre o telhado (> pressão no chuveiro).

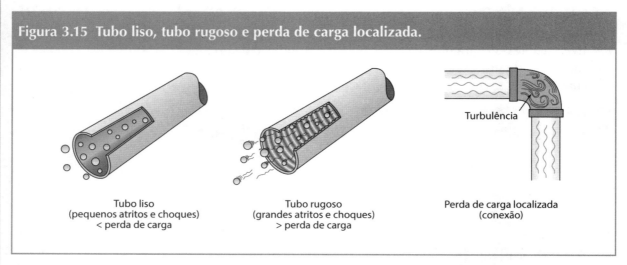

Figura 3.15 Tubo liso, tubo rugoso e perda de carga localizada.

DISPOSITIVOS CONTROLADORES DE PRESSÃO

As peças de utilização são projetadas de modo a funcionar com pressões estática ou dinâmica (máximas e mínimas) preestabelecidas pelos fabricantes dos tubos, dispositivos e aparelhos sanitários. Portanto, uma das maiores preocupações nas redes hidráulicas é a pressão nos pontos de utilização.

Atualmente, existem no mercado dispositivos que elevam ou reduzem a pressão da água nas canalizações. Quando falta pressão na rede, o pressurizador é um recurso eficiente; quando a pressão é elevada (acima de 40 m.c.a.), utilizam-se válvulas reguladoras de pressão.

Como medir a pressão na rede de distribuição[*]

Para saber se o valor da pressão está dentro dos parâmetros estabelecidos pela norma, é preciso medir o valor da pressão nesse ponto. Sua unidade de medida é quilograma força por centímetro quadrado (Kgf/cm^2). Existem outras formas de expressarmos as unidades de pressão: m.c.a. (metro coluna d'água) e Pa (Pascal). Sabe-se que 1 kgf/cm^2 é a pressão exercida por uma coluna com 10 metros de altura, ou seja, 10 metros de coluna d'água (m.c.a.), ou 100.000 Pa.

Então, se quisermos medir a pressão na torneira de um lavatório de um apartamento, basta substituir a torneira do lavatório por um manômetro e efetuar a leitura. Se este manômetro indicar, por exemplo, 2 kgf/cm^2, isso significa que a diferença de altura existente entre o nível da torneira e o da caixa-d'água é de 2 kgf/cm^2 × 10 = 20 metros de coluna d'água. Ou seja, 20 metros de desnível.

---

[*] Fonte: Manual Técnico Tigre.

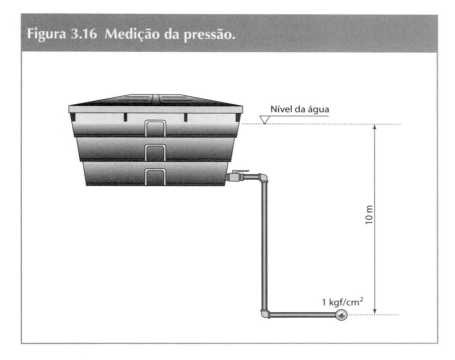

Figura 3.16 Medição da pressão.

MANIFESTAÇÕES PATOLÓGICAS EM MANÔMETROS

De acordo a Famabras (Soluções em medições), a faixa de pressão ideal para um manômetro é de 2 vezes a pressão de trabalho, a fim de se obter maior vida útil e melhor precisão do instrumento. No entanto, estando a faixa de operação entre 25 e 75% da escala do instrumento, o resultado será satisfatório

Além da escala, é necessário especificar a classe de precisão, que varia entre 4% a 0,25% do fundo de escala, de acordo com os tipos e diâmetros. Instrumentos com diâmetros maiores podem ser fabricados com melhores níveis de precisão.

Vários fatores implicam na especificação de um manômetro, mas os principais são: a característica e temperatura do fluído do processo e as condições ambientais de operação. Se o elemento sensor do instrumento for exposto diretamente ao meio a ser medido, devem ser consideradas as características deste agente. Ele pode ser corrosivo, solidificar-se a temperaturas variadas ou conter sólidos que deixem resíduos depositados no elemento sensor. Basicamente, há dois motivos principais para o mau funcionamento do aparelho: a vibração da tubulação e a condensação da água, esse mais comum nas regiões de climas frios, fazendo com que congelem e a câmara do manômetro seja danificada. Isso ocorre porque os pivôs, as ligações e os pinhões dos manômetros tradicionais são muito delicados, sensíveis à condensação e à vibração.

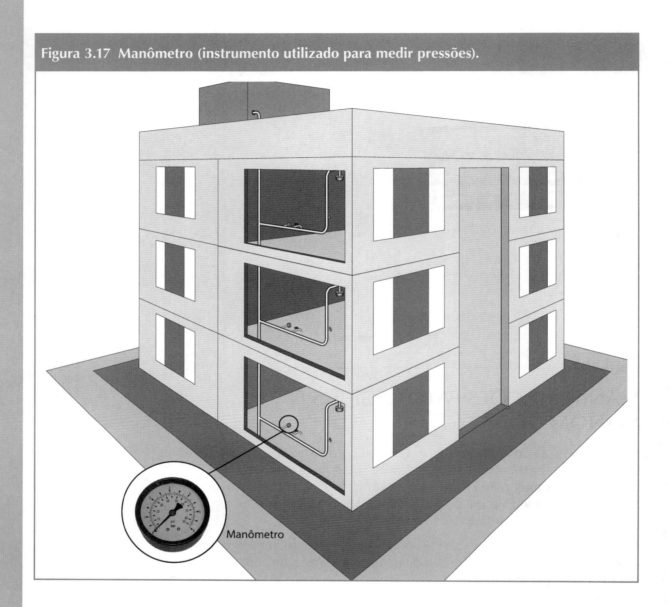

Figura 3.17 Manômetro (instrumento utilizado para medir pressões).

MANIFESTAÇÕES PATOLÓGICAS EM PRESSURIZADORES

Um dos problemas mais comuns em todo tipo de edificação é a falta de pressão de água do reservatório. Para resolvê-lo, geralmente são utilizados pressurizadores para aumentar e manter a pressão nas redes. Além do custo reduzido, esses dispositivos praticamente não exigem manutenção desde que sejam dimensionados e instalados de forma correta. São encontrados em diversos modelos no mercado e podem ser utilizados: em residências, apartamentos, hotéis, motéis, hospitais, restaurantes, para alimentação de lavatórios, chuveiros, duchas, máquinas de lavar etc. Também podem ser utilizados em indústrias, para alimentar máquinas, equipamentos etc., dispensando a construção de torres para caixa-d'água.

Para escolher o melhor pressurizador de água para a aplicação desejada, deve-se considerar o número de pontos de consumo de água simultâneos. Para pressurizar somente um ponto de consumo de água como uma torneira ou uma máquina de lavar, os pressurizadores de ponto são os mais indicados. Já para aumentar a pressão de mais de um ponto de consumo ao mesmo tempo, como no chuveiro e torneira, os pressurizadores de linha são os mais indicados. As marcas mais procuradas são: Rowa, Potenza (Cardal), Grundfos, Komeco, Schneider, Syllent Aqquant e Lorenzetti.

Cada modelo apresenta suas vantagens. Antes de escolher o equipamento, no entanto, deve-se consultar os catálogos dos fabricantes e os revendedores autorizados.

Alguns fabricantes mais conscienciosos recomendam alguns cuidados com relação à instalação desses equipamentos, principalmente quanto à localização e à prevenção de ruídos.

O pressurizador deverá estar localizado o mais distante possível de locais onde é necessário silêncio (dormitórios, escritórios, salas de reunião). Para que não haja ruído devido a vibrações, deverá ser evitada a instalação diretamente sobre lajes, principalmente sobre as de grandes dimensões e pequena espessura – quando for colocado sobre lajes, deverá haver base provida de amortecedores.

O sistema de pressurização não pode ser acionado na condição de nível d'água mínimo operacional no reservatório que os abastece, para evitar que a bomba opere na ausência de água e se danifique. De acordo com a NBR 5626:2020, "o sistema deve ser montado de forma a garantir a continuidade do abastecimento. Deve ser previsto um desvio (by-pass) com válvula de retenção e sem válvulas de bloqueio, de forma que o abastecimento por gravidade seja automático na falha ou parada da bomba para manutenção. O sistema de pressurização deve contar com dispositivo (s) capaz (es) de admitir ar na tubulação quando de seu esvaziamento, de expulsar o ar nas operações de enchimento e de expulsar bolhas que se formem durante sua operação normal". O mercado oferece válvulas denominadas "válvulas ventosas de tríplice função" que fazem as três operações, mas nada impede a aplicação de equipamentos que desempenhem separadamente cada uma dessas funções.

Apresentam-se a seguir as causas prováveis dos principais problemas que podem ocorrer com pressurizadores e como devem ser feitas as correções desses problemas (Tabela 3.1).

Figura 3.18 Pressurizador em residência domiciliar.

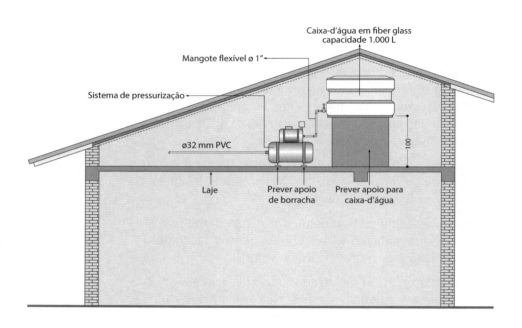

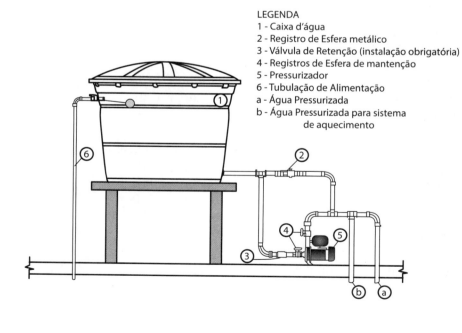

LEGENDA
1 - Caixa d'água
2 - Registro de Esfera metálico
3 - Válvula de Retenção (instalação obrigatória)
4 - Registros de Esfera de mantenção
5 - Pressurizador
6 - Tubulação de Alimentação
a - Água Pressurizada
b - Água Pressurizada para sistema de aquecimento

Tabela 3.1 Problemas em pressurizadores

	Causa provável	Correção
O pressurizador não liga automaticamente ao abrir o registro de um ou mais pontos de utilização.	Disjuntor encontra-se desligado	Religue o disjuntor.
	O reservatório de água encontra-se vazio.	Providencie o reabastecimento do reservatório e elimine o ar da tubulação.
	O registro geral da instalação hidráulica de sua residência encontra-se fechado.	Abra totalmente o registro geral da instalação.
	O registro do sistema *By-Pass* encontra-se aberto e os registros de manutenção na entrada e saída do pressurizador encontram-se fechados.	Feche totalmente o registro do sistema *By-Pass* e abra os registros de manutenção na entrada e saída do pressurizador.
	A tubulação encontra-se com ar.	Elimine o ar da tubulação.
O pressurizador não desliga automaticamente.	Existe vazamento em um ou mais pontos de instalação hidráulica, após o pressurizador.	Providencie a vedação de todos os vazamentos existentes.
	Os registros dos pontos de utilização não estão totalmente fechados.	Feche totalmente os registros dos pontos de uso.
	O registro do sistema *By-Pass* encontra-se aberto.	Feche totalmente o registro do sistema *By-Pass*.
O pressurizador leva um tempo além do normal para ligar ou desligar.	A tubulação encontra-se com ar.	Elimine o ar da tubulação.
	A tubulação e/ou o reservatório de água encontram-se com resíduos.	Providencie a limpeza da tubulação e/ou do reservatório de água, removendo totalmente os resíduos existentes.
Vazão de água pressurizada encontra-se insuficiente no ponto de utilização.	Vazamento na tubulação que alimenta o pressurizador.	Providencie a vedação de todos os vazamentos.
	O registro do sistema *By-Pass* encontra-se aberto.	Feche totalmente o registro do sistema *By-Pass*.

Fonte: Manual de Instalações Pressurizador Potenza (Cardal).

MANIFESTAÇÕES PATOLÓGICAS EM VÁLVULAS REDUTORAS DE PRESSÃO

A válvula redutora de pressão (VRP) é o subsistema formado por componentes com a finalidade de regular a pressão de saída da água para setores coletivos da rede de distribuição predial de água fria e/ou quente. Esse tipo de válvula é utilizado para regular a pressão da rede predial para que não haja danos nos ramais, ruídos nas instalações, golpe de aríete, consumo excessivo de água ou pane em equipamentos ligados à rede hidráulica pela excessiva pressão da água.

Atualmente existem diferentes tipos de válvulas e modelos de aplicação no mercado, que podem, por exemplo, ser instalados nos pavimentos em áreas técnicas acessíveis, como o hall de serviços, o térreo ou o subsolo do edifício.

Sendo necessário realizar a instalação de válvulas redutoras de pressão, devem ser instaladas pelo menos duas válvulas em paralelo, servindo uma como reserva da outra em caso de retirada para manutenção, visando prover continuidade de abastecimento aos pontos de utilização. Estações redutoras de pressão devem ser projetadas obedecendo os requisitos previstos na NBR 5626:2020.

Para prédios que adotam a medição individualizada de água adota-se a instalação de um redutor de pressão de menor porte, para limitar e regular a entrada de água nos vários pavimentos do edifício, a fim de que cada apartamento receba a água com pressão adequada, normalmente 10 m.c.a. Além de reduzir a pressão, os redutores otimizam o consumo de água e evitam o desgaste prematuro das instalações hidráulicas.

Embora a norma não faça distinção sobre qual ou quais materiais devem compor as instalações com pressão estática acima de 40 m.c.a., devem-se adotar tubos mais resistentes e tomar cuidados redobrados quanto às emendas e conexões.

O funcionamento adequado da válvula redutora de pressão deve ser verificado periodicamente, de preferência, através da leitura de um manômetro aferido instalado a jusante. Os principais problemas da válvula redutora de pressão são*: bloqueio de vazão (pode ser causado por ruptura da mola ou outro defeito mecânico interno); aumento de pressão de saída (pode ser causado por ruptura do diafragma, problemas com o vedante interno ou outro defeito mecânico interno) e vazamentos no corpo da válvula (que devem ser corrigidos por técnicos devidamente treinados).

Caso aconteça bloqueio de vazão ou aumento de pressão de saída é recomendável a remoção da válvula e envio para uma revisão especializada.

Apesar de apresentarem poucos problemas, as válvulas redutoras de pressão precisam de monitoramento constante para verificar a presença de vazamento, corrosão das partes metálicas internas, estado das molas, vedações e diafragmas ou dispositivos de igual finalidade.

Além disso, faz-se necessário uma limpeza periódica do filtro, no mínimo a cada seis meses, com a alteração da operação para a válvula reserva, fechamento dos registros de entrada e saída da

---

* Fonte: GONÇALVES, Orestes Marraccini. In: PRADO, Racine Tadeu de Araújo (org.). *Execução e manutenção de sistemas hidráulicos prediais*. São Paulo, Pini, 2000.

válvula sob manutenção, remoção, limpeza e reinstalação do filtro. Também é recomendável a verificação periódica dos valores de pressão indicados pelo manômetro, pois valores excessivos, especialmente de madrugada, pode indicar que o vedante da válvula tem sua atuação prejudicada, seja por desgaste ou ocorrência de sujeira. Nesse caso, deve-se chamar um profissional habilitado para remover a válvula e fazer uma revisão. Se as pressões forem muito baixas, podem indicar uma distensão da mola.

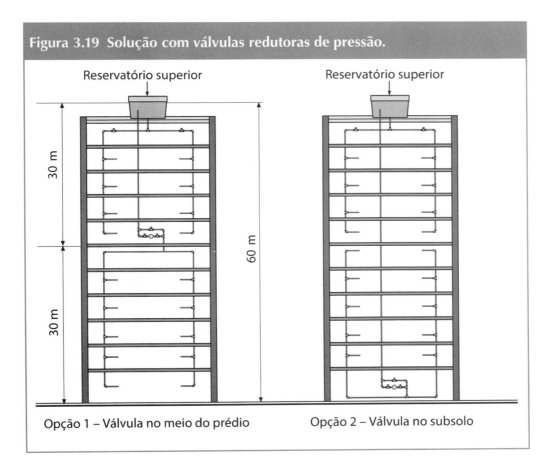

Figura 3.19 Solução com válvulas redutoras de pressão.

Figura 3.22 Instalação de VRP

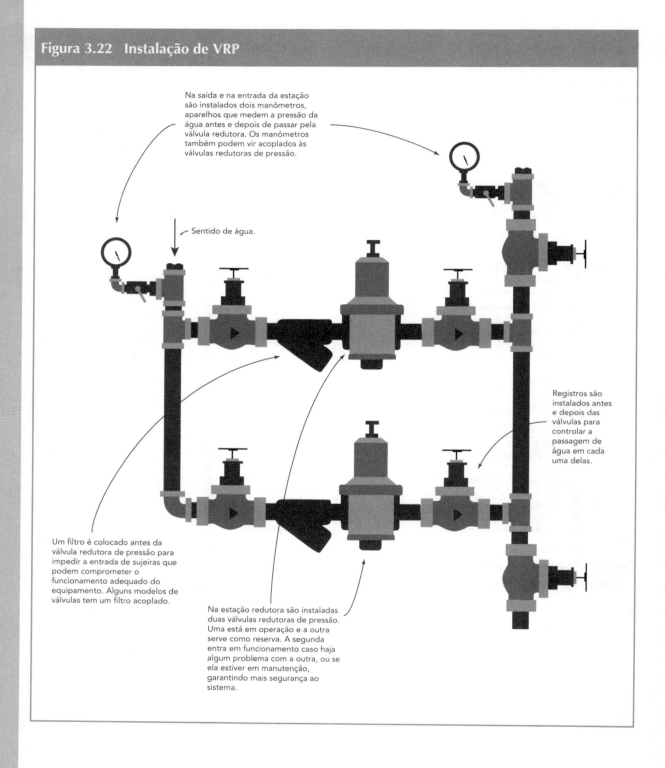

VAZAMENTOS NO SISTEMA PREDIAL DE ÁGUA FRIA

Obviamente, o primeiro indício de que está ocorrendo um vazamento é o aumento injustificável dos valores de consumo de água. Caso não tenha ocorrido no último mês aumento de população na residência, rompimento de alguma tubulação de água, limpeza de reservatórios, obras de reforma etc, tudo indica que esteja ocorrendo um vazamento significativo de água no sistema hidráulico.

São indícios de vazamentos em tubulações embutidas: manchas de umidade com aspecto esponjoso ou descolorido nos revestimentos de paredes e pisos; som de escoamento de água quando nenhum ponto de utilização está aberto; a presença de vegetação em juntas de assentamento de pisos externos; o sistema de recalque continuamente ligado etc.

As principais causas de vazamentos são: mão de obra "não" especializada; tubulação fora de nível, uma conexão desnivelada está sendo forçada e com o tempo trincará e ocasionará o vazamento; tubulação "envelopada", isto é, totalmente encoberta com concreto, sem espaço para movimentação, com a dilatação ou a movimentação normal da estrutura, pode trincar e ocasionar o vazamento; tubulação aquecida para efetuar um conserto, o que deixa as paredes da tubulação mais finas, ocasionando perda de resistência e, consequentemente, trincas e vazamentos.

Vazamentos visíveis

Consideram-se vazamentos visíveis aqueles facilmente detectados pelos usuários do sistema, tais como os que ocorrem em pontos de utilização, principalmente em torneiras, duchas e chuveiros. Podem ocorrer também em conexões ou trechos de tubulações aparentes.

Vazamentos não visíveis

Denominam-se vazamentos não visíveis, aqueles dificilmente detectados pelos usuários, como, por exemplo, os que ocorrem em tubulações enterradas ou embutidas em pisos ou paredes e nos reservatórios enterrados. Neste grupo, consideram-se também os decorrentes de erros de projeto e/ou execução.

Os vazamentos não visíveis podem ser detectados por dois tipos testes: testes expeditos (hidrômetro, sucção, reservatórios, bacias sanitárias, torneiras e registros) e testes especiais (utilização de equipamentos especiais tais como: haste de escuta, geofone eletrônico e correlacionador de ruídos).

Testes expeditos*

O teste expedito é bastante simples, porém eficaz. Este teste determina se há ou não vazamento, ficando a cargo do profissional a localização exata do problema. É bastante útil a realização desse teste antes do teste especial. A seguir serão apresentados alguns desses testes:

Teste do hidrômetro

Este teste consiste em verificar a passagem de água pelo hidrômetro quando todos os pontos de utilização, supridos diretamente pelo sistema público de água estão fechados. Sempre que todas as torneiras do imóvel estiverem fechadas e o hidrômetro estiver "girando", isso significa que está passando água por ele para dentro do imóvel, e, portanto, há vazamento ou fuga d'água.

É importante ressaltar que de madrugada a pressão da rede (tubulação) é maior, por isso alguns vazamentos podem ocorrer apenas nestes horários. Nestes casos, o ideal é fazer uma leitura antes de dormir e outra antes de abrir alguma torneira pela manhã.

Teste de sucção

Outra forma de verificar vazamento no alimentador predial é por meio da realização do teste de sucção. O teste deve ser feito em torneira que recebe água diretamente da rede pública e que esteja instalada em cota mais alta em relação ao piso, normalmente de tanque ou de jardim. Para a realização do teste do copo, basta seguir os seguintes passos:

- fechar o registro de entrada (padrão);
- abrir uma torneira alimentada diretamente pela rede pública (concessionária) como uma torneira do jardim ou um tanque;
- aguardar até a água parar de correr;
- colocar um copo cheio de água na boca da torneira;
- se houver sucção da água do copo pela torneira, é sinal de que existe vazamento no ramal interno (após hidrômetro).

---

* Fonte: GONÇALVES, Orestes Marraccini. In: PRADO, Racine Tadeu de Araújo (org.). *Execução e manutenção de sistemas hidráulicos prediais*. São Paulo, Pini, 2000.

Figura 3.21 Detecção de vazamento em alimentador predial por meio do teste de sucção.

Teste para detectar vazamentos em reservatórios

Os vazamentos de reservatórios moldados *in loco* podem ocorrer devido às seguintes causas: torneira de boia desregulada ou danificada, trincas ou impermeabilização inadequada, conexões danificadas e registros com fechamento inadequado.

Os vazamentos em reservatórios industrializados normalmente ocorrem pelos seguintes motivos: ruptura na superfície de base; vazamento entre a parede da caixa e o flange do adaptador; ruptura na curvatura parede/base; vazamento pela tampa; e condensação nas paredes da caixa.

O teste do hidrômetro e caixa-d'água deve ser feito da seguinte forma:

- manter aberto o registro do cavalete;
- fechar bem todas as torneiras da casa e não utilizar os sanitários;
- fechar (amarrar) a boia da caixa, para não entrar água. Marcar o nível de água na caixa;
- anotar a sequência dos números do hidrômetro e, durante duas horas (ou mais), verificar se eles alteram ou se o nível da caixa-d'água diminui;
- se houver alteração dos números anotados anteriormente, é sinal de vazamento no ramal alimentado diretamente pela rede;
- se o nível da caixa-d'água diminuiu, há vazamento nos sanitários ou na canalização alimentada pela caixa.

Vazamentos em bacias sanitárias

Os vazamentos podem ocorrer tanto em bacias com válvulas de descarga como em bacias com caixa de descarga. Esses vazamentos podem ser visíveis e não visíveis. Os vazamentos visíveis ocorrem nos engates flexíveis e também por meio do escoamento da água pela parede interna da bacia sanitárias.

Porém, quando o vazamento é muito pequeno, o usuário praticamente não percebe: neste caso, tem-se o vazamento não visível.

O vazamento na base da privada costuma ocorrer por conta do desgaste de uma peça chamada "Anel de Vedação". Esse anel é responsável por guiar o conteúdo da descarga do vaso à rede de esgoto. Por se tratar de um elemento que se desgasta com o uso diário, essa é uma manutenção que deve ser providenciada de acordo com especificações do fabricante.

Para saber se há vazamentos na bacia sanitária, deve ser realizado o seguinte teste:

- jogar cinza de cigarro ou um corante na bacia sanitária e ficar observando;
- a cinza ou o corante devem ficar depositados no fundo do vaso; caso isso não aconteça, deve existir algum vazamento na válvula de descarga;

Na bacia sanitária com caixa acoplada deve ser realizado o seguinte procedimento:

- colocar algum corante forte na caixa acoplada;
- esperar de 15 a 20 minutos; se a água do poço da bacia sanitária aparecer colorida, então pode haver algum problema no mecanismo da caixa acoplada.

Figura 3.22 Verificação de vazamento em bacias sanitárias.

Figura 3.23 Teste na válvula ou na caixa de descarga.

Vazamentos em torneiras

Os vazamentos de torneiras são bem visíveis e se manifestam por meio de gotejamento ou escoamento em filete. O volume de água perdido por estes diferentes tipos de vazamentos variam em função do tipo da bica da torneira, da rugosidade de suas paredes e, também da pressão hidráulica.

Se ocorrer vazamento na torneira junto à parede, ou seja, na conexão da torneira com o ponto da parede, deve-se observar se a torneira não foi excessivamente rosqueada (além do necessário), pois isso pode danificar as vedações internas e até rachar a conexão.

Muitos vazamentos de torneiras também ocorrem por falta de manutenção. Com o passar do tempo, ao abrir e fechar as torneiras, o reparo se desgasta, permitindo que a água passe livremente da rede de distribuição para o ambiente, causando grandes desperdícios.

Para consertar o gotejamento de torneiras comuns (aquelas que para abrir até o final precisa dar mais de uma volta inteira), muitas vezes basta trocar o vedante (borrachinha). As torneiras 1/4 de volta para abrir precisa apenas "um toque", são munidas de um reparo interno de "cerâmica" e isentas de "borrachinha". Para consertar o gotejamento será preciso trocar o reparo interno inteiro e não apenas o vedante.

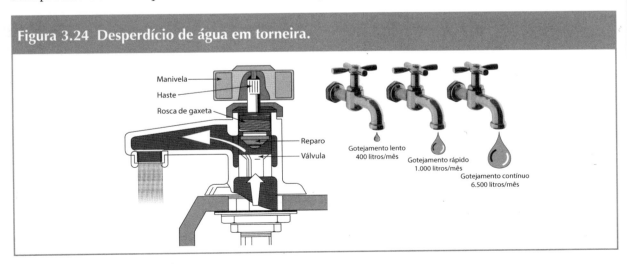

Figura 3.24 Desperdício de água em torneira.

Vazamentos em registros

Eventualmente, verifica-se a presença de vazamentos em registros de pressão e em registros de gaveta. Uma forma de constatar vazamentos nestes componentes é por meio da observação da presença de manchas amareladas no revestimento da parede, principalmente em revestimento de azulejo ou cerâmica de cores claras. Este tipo vazamento é conduzido pela haste e, portanto, visível, conforme ilustra a figura.

Na hora de fechar o registro do chuveiro após o banho, evitar forçá-lo demasiada. Isso poderá causar danos ao sistema de vedação, levando-o aos problemas já citados. O ideal ao fechar o registro é que aperte levemente e aguarde que a água que ficou pingando um pouquinho no chuveiro pare por si só. Geralmente ela não passa de uma pequena quantidade que está no próprio chuveiro e se conterá sozinha. Caso isso não ocorra e o usuário precise apertar demais o registro, é sinal de que o mesmo precisa ser substituído. Esta regra vale para qualquer tipo de registro ou torneira.

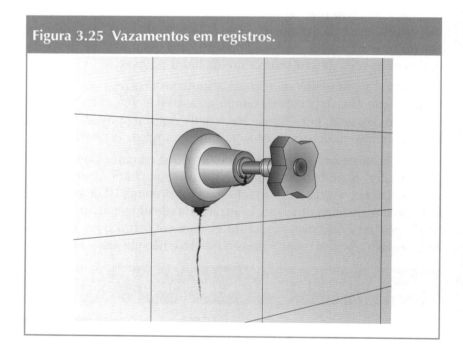

Figura 3.25 Vazamentos em registros.

Vazamentos em tubos e conexões unidos por juntas roscáveis

Os tubos e conexões roscáveis apresentam mais facilidade para uma futura mudança na rede hidráulica, já que podem ser facilmente desmontados (basta desencaixar a parte danificada e substituir).

As principais causas de vazamentos em tubos e conexões unidos por juntas roscáveis são:

- falta ou quantidade insuficiente de vedante;
- abertura insuficiente de fios de rosca no tubo;
- aplicação de vedante inadequado;
- encaixe incorreto de roscas;
- roscas deformadas;
- desbitolamento de tubo e conexão;

Vazamentos em tubos e conexões unidos por juntas soldáveis

Os tubos e conexões unidos por solda (juntas soldáveis) são recomendados para instalações permanentes, que não sofrerão interferências por longos anos e podem ser facilmente reparadas com as conexões "luvas de correr".

As principais causas de vazamentos em tubos e conexões unidos por juntas soldáveis são:

- ausência de aplicação de vedação (verificar se foi aplicado o adesivo plástico para PVC);
- procedimento incorreto de execução da junta (refazer a junta aplicando corretamente o adesivo);
- instalação submetida a pressão hidráulica antes de concluído o tempo de cura do adesivo;
- problemas relacionados ao adesivo gelatinoso (verificar as condições do adesivo, o prazo de validade e como está sendo feito o seu manuseio e a sua estocagem);
- desbitolamento de tubo e conexão (pode ocorrer de o tubo estar excessivamente ovalizado, ou de a conexão estar deformada, devido a uma estocagem inadequada).

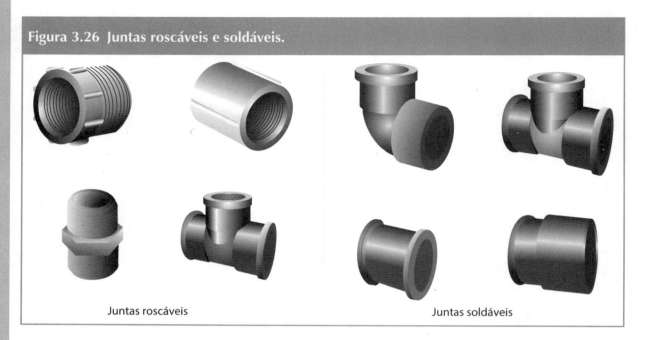

Figura 3.26 Juntas roscáveis e soldáveis.

Juntas roscáveis Juntas soldáveis

Testes especiais para detectar vazamentos[*]

Os vazamentos em tubulações enterradas e embutidas, muitas vezes se manifestam em locais totalmente opostos aos que se pressupõem, dificultando, assim, a sua detecção e localização. Para esses casos, apresentam-se alguns processos de detecção de vazamentos não visíveis, com a utilização de equipamentos especiais tais como: haste de escuta, geofone eletrônico e correlacionador de ruídos.

Figura 3.27 Detecção de vazamentos com haste de escuta.

[*] Fonte: GONÇALVES, Orestes Marraccini. In: PRADO, Racine Tadeu de Araújo (org.). *Execução e manutenção de sistemas hidráulicos prediais.* São Paulo, Pini, 2000.

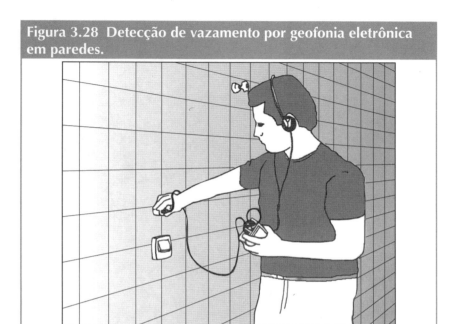

Figura 3.28 Detecção de vazamento por geofonia eletrônica em paredes.

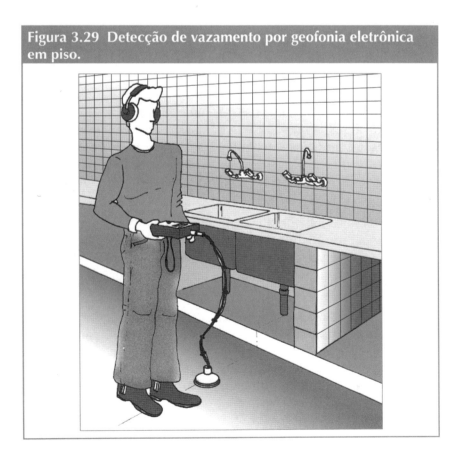

Figura 3.29 Detecção de vazamento por geofonia eletrônica em piso.

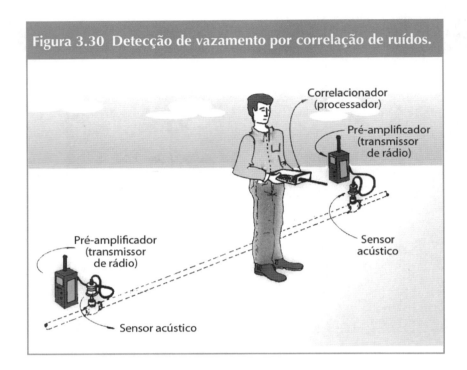

Figura 3.30 Detecção de vazamento por correlação de ruídos.

DESPERDÍCIO DE ÁGUA EM APARELHOS DE UTILIZAÇÃO

Nos últimos anos, por causa do quadro de escassez, a utilização racional de água tornou-se parte de nosso cotidiano, não se admitindo mais desperdícios. Particularmente, o banheiro é considerado o maior vilão no consumo de água, sendo que o consumo depende do número de usuários e do modo de utilização das instalações hidráulicas.

Uma das alternativas para utilizar racionalmente a água e evitar o desperdício nas instalações é garantir que os metais sanitários, de modo geral, e as torneiras, especificamente, cumpram sua função, ou seja, consigam controlar, restringir, bloquear ou permitir a passagem da água num volume adequado ao uso.

A substituição dos equipamentos convencionais por produtos com fechamento automático é uma opção para se economizar água. Esses dispositivos devem ser utilizados apenas em situações em que a inspeção regular e a manutenção possam ser assegurados, para evitar que falhas de funcionamento levem ao eventual desperdício de água.

A colocação de arejadores na saída das torneiras também pode gerar uma boa economia de água. O arejador possui orifícios na superfície lateral que permitem a entrada de ar durante o escoamento da água e dão ao usuário a sensação de uma vazão maior do que a real. É importante ressaltar, porém, que há modelos de torneira cujo dispositivo instalado em sua saída funciona apenas como concentrador de jato, não como arejador.

O arejador é um componente imprescindível nas instalações prediais, pois chega a economizar 50% do consumo de água, entretanto, devido às condições internas da tubulação e à qualidade da água, as torneiras com arejador podem apresentar pequena vazão, sendo necessária a limpeza do mesmo.

Para fazer a limpeza do arejador, deve-se retirá-lo com a ajuda da chave para arejador antifurto ou desenroscando o componente com as mãos, lavando-o com água corrente e colocando-o em contrafluxo. Depois desse procedimento simples, basta instalá-lo novamente na torneira.

Figura 3.31 Arejadores.

Figura 3.32 Dispersão de jato em torneira de pia.
Jato efetivamente aproveitado
Jato desperdiçado

MANUTENÇÃO DE TORNEIRAS

Uma torneira pingando é o problema mais comum em qualquer instalação e também o mais fácil de resolver, ainda que muitas pessoas o ignorem e deixem a torneira pingando por muito tempo.

Para consertar o gotejamento de torneiras "comuns" (aquelas que para abrir até o final precisa dar mais de 1 volta inteira) muitas vezes basta trocar o vedante (borrachinha).

As torneiras ¼ de volta são aquelas que para abrir precisa de apenas "um toque", são munidas de um reparo interno de "cerâmica" e isentas de "borrachinha". Para consertar o gotejamento será preciso trocar o "reparo" interno inteiro e não apenas o vedante.

TORNEIRAS DE ACIONAMENTO HIDROMECÂNICO

A torneira de acionamento hidromecânico libera jatos de água manualmente, por um período definido de tempo, depois de pressionada. Essas torneiras geralmente apresentam as seguintes falhas: tempo de fechamento superior ou inferior ao especificado pelo fabricante; vazamento pela bica; disparo involuntário. As causas mais prováveis dessas falhas são: sujeira no filtro; desgaste do pistão; retentor danificado.

Geralmente, a manutenção das torneiras de acionamento hidromecânico requer a substituição de uma peça denominada "cartucho", específico para cada fabricante. Por essa razão, ressalta-se a importância de recorrer às recomendações e utilização de componentes originais de cada fabricante e de cada produto na hora de fazer a manutenção (reparo) das torneiras.

Figura 3.33 Torneiras de acionamento automático.

TORNEIRAS DE ACIONAMENTO POR SENSOR

A torneira eletrônica incorpora um sensor com células fotoelétricas, que liberam a água ao detectar a aproximação das mãos (o tempo de fornecimento do jato e a distância-limite de acionamento podem ser determinados pelo usuário).

Apesar de suas qualidades, as torneiras eletrônicas podem apresentar os seguintes problemas: não liberar água, sair água continuamente ou abrir e fechar sem controle, e tempo longo de fechamento após o usuário ter cessado sua utilização.

Quando sai água da torneira continuamente ou abre e fecha sem controle, é possível que exista algo em frente à fotocélula, acionando-a. Nesse caso, a solução é retirar o obstáculo que está refletindo e a torneira voltará ao funcionamento normal.

Por outro lado, quando não sai água pela torneira, as causas podem ser: algum dos terminais elétricos que está mal instalado; as pilhas descarregadas ou colocadas em posição incorreta; o registro da válvula solenoide (válvula eletromagnética) pode estar fechado; o filtro da válvula solenoide está obstruído; falta d'água ou falta de energia elétrica.

Porém, a falha mais comum ocorre quando há sujeira acumulada no filtro. Para a limpeza deste componente, recomenda-se o seguinte procedimento: retirar a tampa de proteção da válvula solenoide; fechar o registro da válvula com chave de fenda e retirar a tampa do filtro; lavar o filtro com água corrente contra o fluxo de água do filtro; depois de limpo, recolocar o filtro no lugar e reabrir o registro. Caso seja notada alguma alteração na saída de água, retirar o arejador para limpeza com jato de água em contra-fluxo.

TORNEIRAS DE MONOCOMANDO

As torneiras de monocomando podem ser utilizadas tanto na cozinha quanto nos banheiros. Sua funcionalidade faz a diferença, pois o misturador de água é instalado com apenas um furo na parede, louça ou bancada. Destinado a um público exigente, o monocomando permite o controle simultâneo da vazão e da temperatura da água: quando é acionado para a esquerda, obtém-se água quente; para a direita, água fria.

Embora não tenham sido desenvolvidos visando à economia de água, as torneiras de monocomando acabam conseguindo isso porque exigem menos tempo para acertar a temperatura, além da facilidade de fechamento, o que diminui o risco de os metais ficarem semiabertos, com água escorrendo.

O misturador monocomando é um dispositivo de alto grau de funcionalidade, porém requer cuidados com eventuais sobrepressões decorrentes do fechamento rápido. Portanto, pode apresentar problemas em instalações sujeitas ao golpe de aríete.

Para resolver um problema de vazamento em torneira monocomando basta trocar uma peça denominada "cartucho". É importante ressaltar que existem diversos modelos de cartuchos, eles variam de acordo com a marca e modelo das torneiras.

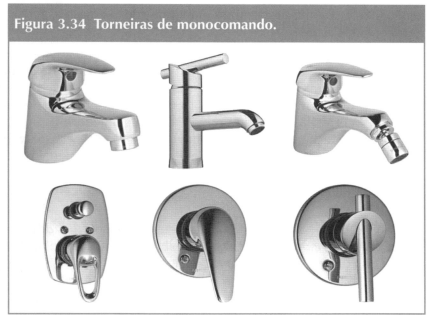

Figura 3.34 Torneiras de monocomando.

Fonte: Fabrimar.

DESPERDÍCIO DE ÁGUA EM SISTEMAS DE DESCARGA*

As antigas e ultrapassadas bacias sanitárias necessitam de grandes volumes de descarga. Por essa razão, são responsáveis pelo alto consumo de água nos domicílios. Para se ter uma ideia desse desperdício, estima-se que as bacias sanitárias são responsáveis por 30% do gasto de água nos domicílios brasileiros.

De acordo com o Programa Brasileiro da Qualidade e Produtividade (PBQPH), desde o ano de 2002, o limite máximo de utilização de água por bacias sanitárias passou a ser de 6 litros. As bacias sanitárias devem ser instaladas de acordo com as normas NBR 16727-1:2019 - Bacia sanitária - Parte 1: Requisitos e métodos de ensaio; NBR 16727-2 - Bacia sanitária - Parte 2: Procedimento para instalação.

O duplo acionamento da bacia, por exemplo, é um sistema inovador, que possibilita o duplo acionamento de descarga para bacias sanitárias, com opção para 3 ou 6 litros. Esse dispositivo possibilita a utilização da água de acordo com a necessidade específica de cada uso, proporcionando uma economia de mais de 60% no consumo de água. A grande vantagem desse sistema é que sua instalação não necessita de nenhuma adaptação no banheiro, pois as medidas dos pontos de entrada e saída são as mesmas.

Os *designs* mais arrojados de bacias sanitárias com caixa de descarga, bem como a eficiência no funcionamento, têm favorecido maior aceitação do mercado. Por razões estéticas, os fabricantes

---

* Fonte: MAWAKDIYE, Alberto. A fonte secou. *Téchne*, São Paulo, Pini, n. 21, p. 14-17, jan./fev. 1996.

estão investindo mais nas caixas embutidas do que nas suspensas ou acopladas sobre o vaso.

A Montana, uma das maiores indústrias brasileiras de caixas de descarga, apresenta uma caixa embutida, a *Montana 9000*, que além de reunir todos os elementos de uma caixa de descarga moderna, quando instalada, simula externamente a imagem da válvula. Fabricada em polietileno de alta densidade e pesando muito pouco, a caixa tem a vantagem de ter vazão autorregulável, podendo ser facilmente adaptada aos mais diversos modelos de bacia sanitária, desde as mais convencionais até as de volume de descarga reduzido (VDR). A *Montana 9000* pode ser embutida na alvenaria ou em painéis do sistema *dry wall*.

Com relação a custos, as vantagens das caixas sobre as válvulas são significativas: têm um custo de instalação inferior; diâmetro menor nas tubulações; não provocam golpe de aríete; possibilitam maior facilidade de manutenção; economizam mais água.

Além da quantidade de água utilizada na descarga (seja por meio de válvulas ou de caixas de descarga), o desempenho mecânico das bacias também interfere no grau de economia. No Brasil, a maior parte das bacias disponíveis no mercado emprega a ação sifônica (a descarga resulta do efeito sifão, que ocorre nas partes internas do equipamento).

O desempenho das bacias VDR tende a ser otimizado, sobretudo pela adoção de curvas adequadas no sifão, de modo que a descarga e a lavagem ocorram com um pequeno volume de água.

Figura 3.35 Duplo acionamento de descarga para bacias sanitárias (opção para 3 ou 6 litros).

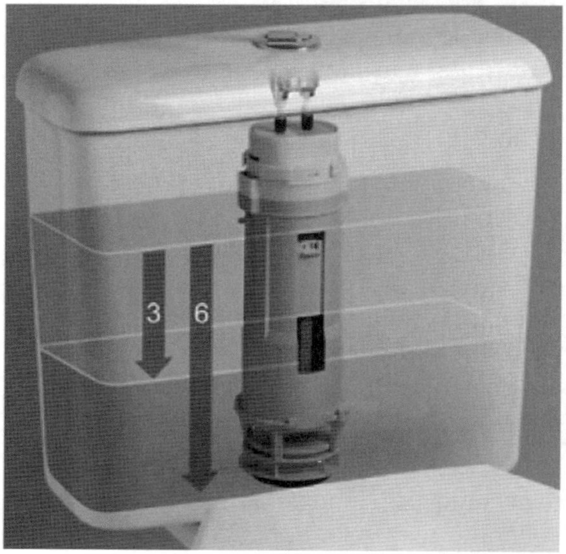

MANUTENÇÃO EM SISTEMAS DE DESCARGA

A escolha do sistema de descarga deve seguir critérios técnicos. Tanto a solução com válvula instalada na parede quanto o modelo com caixa acoplada ou embutida demandam diferentes análises no momento da especificação. O desempenho, eficiência e economia de água, bem como a configuração hidráulica são algumas das características a serem analisadas pelo projetista para a escolha do sistema a ser adotado no projeto. Porém, ambos os sistemas podem apresentar algumas falhas.

MANIFESTAÇÕES PATOLÓGICAS EM CAIXAS DE DESCARGA

O acionamento da descarga é feito através de um mecanismo, o qual fica dentro de uma caixa cerâmica acoplada à bacia sanitária. Da mesma forma que a válvula de descarga, o acionamento diário desgasta alguns elementos desse mecanismo, que pode ser facilmente substituído. Os problemas mais comuns são:

- Descarga sem funcionamento;
- Pouco fluxo de água;
- Vazamento no flexível (cano que liga a caixa acoplada à parede).

O conserto pode envolver procedimentos como: regulagem do mecanismo/kit da caixa acoplada; troca do mecanismo/kit, das peças de vedação ou do flexível.

Caso tenha vazamento da caixa acoplada pelo lado de fora, significa que a borracha interna ressecou ou é a vedação dos parafusos. Porém, dificilmente esse problema acontece, apenas no caso se tiver sido mexido muito o assento sanitário.

O vazamento da caixa acoplada geralmente acontece no obturador (flapper) ou na boia. O flapper conhecido também como comporta, é a borracha que controla a saída de água da caixa acoplada. Caso seja necessária a troca da comporta, é importante comprar o novo flapper no mesmo tipo do que foi retirado para não ter problemas na instalação.

Caso tenha sido trocado ou verificado o flapper e ele está correto e ainda existe vazamento da caixa acoplada, deve-se inspecionar o tubo de alimentação conectado ao tubo extravasor. É importante lembrar que a ponta dele deve estar acima da linha d´água. Se estiver abaixo, vai ser necessário cortar para que fique acima.

Após verificar o processo descrito, deve ser observada a válvula de alimentação para ver se está muito desgastada.

Caso o flutuador estiver mal regulado, a água que está dentro do tanque vai subir acima do tubo extravasor e sairá água constantemente. Nesse caso, é só apertar o botão da descarga para procurar por vazamentos na válvula de enchimento. Basta levantar o braço da boia quando estiver enchendo de água, isso é necessário para analisar se a água para. Dobrar ou ajustar o braço da boia. Fazer isso para que a caixa pare de encher quando o nível de água alcançar cerca de 2 ou 3 cm abaixo da parte superior do tubo extravasor. Caso a válvula de alimentação tenha problemas para se fechar completamente, será necessário trocá-la.

MANIFESTAÇÕES PATOLÓGICAS EM VÁLVULAS DE DESCARGA

Há disponíveis no mercado diversas marcas de válvulas de descarga, sendo que cada marca apresenta diversos modelos. Portanto, os procedimentos de manutenção das válvulas devem ser feitos de acordo com a orientação de cada fabricante.

De modo geral, os problemas, denominados mau funcionamento, verificados em válvulas de descarga são: vazão insuficiente; vazão excessiva; tempo de fechamento muito curto (golpe de aríete) ou muito longo (desperdício de água); "disparo" da válvula; vazamento contínuo pela saída (quando fechada) ou pelo botão de acionamento (fechada ou aberta).

É importante também verificar a ocorrência de sobrepressão no fechamento de válvulas de descarga. As válvulas, metais de fechamento rápido e do tipo monocomando não podem provocar sobrepressões no fechamento superiores a 20 m.c.a. As válvulas de descarga utilizadas nos sistemas hidrossanitários, quando ensaiadas, devem atender ao estabelecido na NBR 15857:2011 - Válvula de descarga para limpeza de bacias sanitárias — Requisitos e métodos de ensaio.

Normalmente os problemas mais comuns são corrigidos por meio de simples regulagens ou com a troca do "reparo" (mola e vedações internas). Porém, antes de solicitar a compra do reparo, é importante verificar o diâmetro da válvula a ser reparada que pode ser DN 40 (1 1/2") ou de DN 32 (1 1/4"). Muitos projetistas erram nesta especificação e os problemas ficam para os usuários futuros das instalações.

As válvulas que possuem diâmetros mínimos de DN 1 ½" são usadas para instalações de baixa pressão, de 1,5 a 15 m.c.a. (metro coluna de água), como por exemplo, residências e edifícios, nos apartamentos mais próximos ao reservatório superior. As válvulas que possuem diâmetros mínimos de DN 1 ¼" são usadas para instalações de pressões maiores de 10 a 40 m.c.a., como por exemplo em edifícios, nos apartamentos mais distantes do reservatório superior.

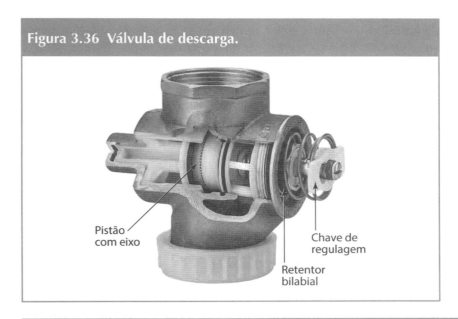

Figura 3.36 Válvula de descarga.

Tabela 3.2 Problemas em válvulas de descarga (causas e soluções)

	Causa provável	Solução
Não dá descarga	Parafuso acionador desregulado	Regular a distância do parafuso
	Pistão fora de posição (solto)	
Válvula dispara	Vazamento pela válvula interna	Trocar o pistão e a sede danificados
	Problema entre o pistão e a sede	
	Deformação da sede	
	Sujeira no pistão	Efetuar a limpeza do pistão
	Pistão ou sede danificados	Trocar o pistão e a sede
Vazamento externo	Desgastes dos componentes de vedação	Substituir os componentes
Registro pesado	Sujeira na rosca do registro	Efetuar a limpeza
	Registro danificado	Trocar o registro danificado
Registro não veda	Sujeira na rosca do registro	Efetuar a limpeza
	Registro danificado	Trocar o registro danificado

INTERFERÊNCIA DA VÁLVULA NA VAZÃO DAS PEÇAS DE UTILIZAÇÃO

Para bacias sanitárias com válvula de descarga, recomenda-se que seja feita alimentação independentemente dos demais aparelhos que compõem a instalação. Desta forma, evita-se a perda de vazão e pressão nos demais pontos de consumo, no caso de uso simultâneo. Portanto, deve-se utilizar coluna exclusiva para válvulas de descarga para evitar interferências com os demais pontos de utilização (ver Fig. 3.37).

Entretanto, devido à economia, muitos projetistas utilizam a mesma coluna, que abastece a válvula para alimentar as demais peças de utilização (ver Fig. 3.38).

Isso deve ser evitado, principalmente, quando se utilizar aquecedor de água, jamais ligá-lo a ramal servido por coluna que também atenda a ramal com válvula de descarga, pois o golpe de aríete acabará por danificar o aquecedor.

Figura 3.37 Coluna exclusiva para alimentação da bacia sanitária com válvula de descarga (solução correta).

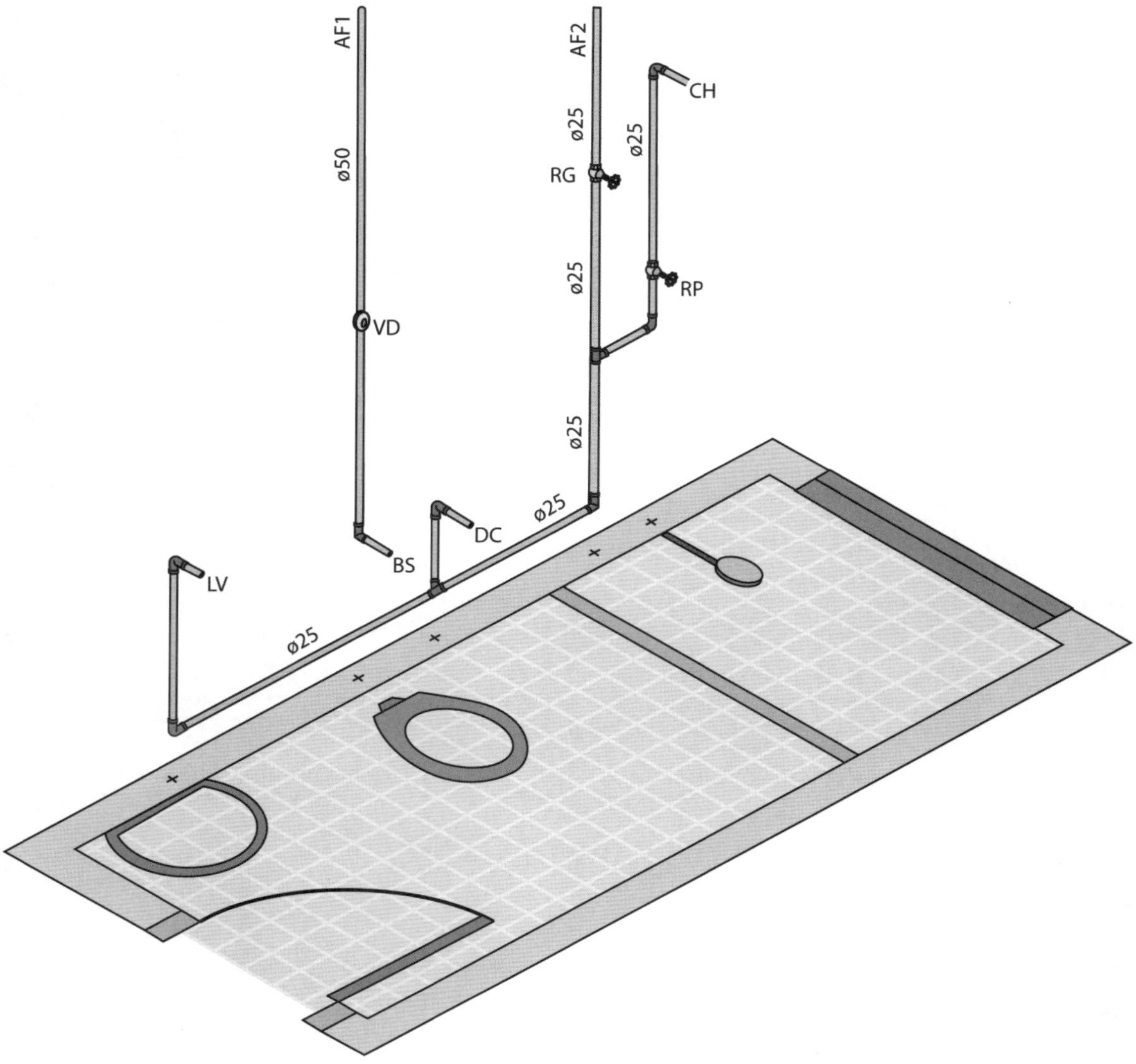

Figura 3.38 Coluna alimentando bacia sanitária com válvula de descarga e demais aparelhos (solução errada).

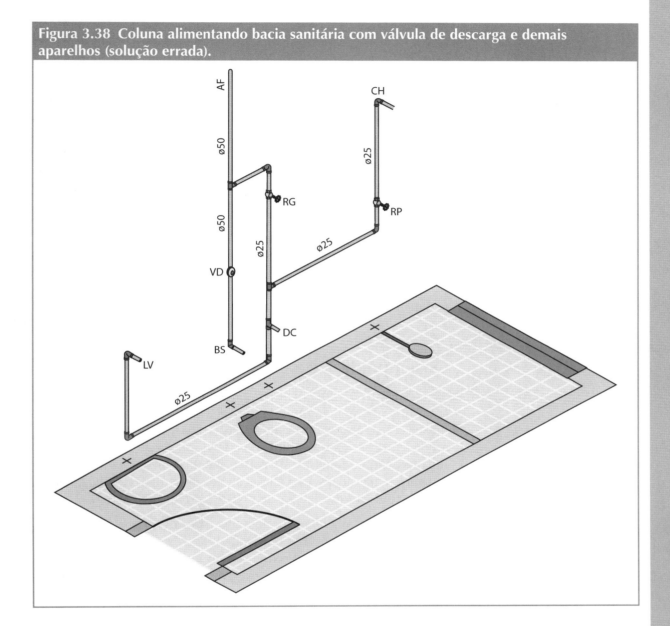

RUÍDOS E VIBRAÇÕES NAS INSTALAÇÕES PREDIAIS

As instalações de água fria devem ser projetadas e executadas de maneira a atender às necessidades de conforto do usuário, com relação aos níveis de ruído produzidos ou transmitidos pela própria instalação, bem como evitar que as vibrações venham a provocar danos à instalação.

Entretanto, observa-se que o ruído dentro das habitações normalmente não atende às expectativas de conforto e bem-estar esperados em obras de médio e alto padrão, particularmente, os edifícios (prédios) de apartamentos. Os moradores se incomodam muito com os ruídos das instalações hidráulicas, sobretudo no período noturno, quando o silêncio nas habitações deveria ser maior.

A transmissão do ruído em instalações prediais de água fria é bastante complexa, porém essa ocorrência, assim como de vibrações, está bastante associada a edifícios altos e instalações pressurizadas. A movimentação da água (sob pressão relativamente elevada) nas tubulações, nos aparelhos hidráulicos (válvulas de descarga, conexões, torneiras, torneiras de boia, bombas de recalque, peças de utilização etc.) e em bombas de recalque gera ruído de impacto, que se propaga pela canalização e, daí, pela estrutura e pelas paredes (elementos normalmente solidários), que, por sua vez, irradiam o ruído para as adjacências, incomodando os ocupantes da edificação. Em alguns projetos, os cuidados com relação aos níveis de ruído devem ser redobrados, sendo necessário um tratamento acústico para os locais.

Desempenho acústico

A NBR 15575:2013 - Desempenho de Edificações Habitacionais, trata dos padrões de qualidade necessários para os imóveis e do que as construtoras precisam fazer para atingi-los. De acordo com a norma, devem ser avaliados os dormitórios das unidades habitacionais autônomas. As portas e janelas devem estar fechadas durante as medições. Os valores de desempenho acústico constam no Anexo B (itens 2.3 e 2.4) da NBR 15575:2013-Parte 6.

Para uma avaliação precisa do nível de pressão sonora são utilizados os sonômetros ou decibelímetros. Esses instrumentos de medição percebem a pressão sonora por meio de um microfone, convertem em sinal elétrico para, posteriormente, na saída, determinar em um nível de pressão sonora em dB (decibel).

De acordo com a NBR 15575:2013, podem ser utilizados dois métodos para avaliar o desempenho acústico das instalações hidráulicas e sanitárias. O método 'de engenharia em campo determina de forma rigorosa os níveis de pressão sonora de equipamento predial em operação. O método é descrito na ISO 16032. O método simplificado de campo permite obter uma estimativa dos níveis de pressão sonora de equipamento predial em operação em situações onde não se dispõe de instrumentação necessária para medir o tempo de reverberação no ambiente de medição, ou quando as condições de ruído ambiente não permitem obter este parâmetro. O método simplificado é descrito na ISO 10052.

Segundo a NBR 15575:2013, os níveis de desempenho mínimo (M), intermediário (I) e superior (S), são para mostrar o desempenho de cada requisito, que devem ser atendidos para uma melhor qualidade da edificação. Quando ultrapassar o nível mínimo, o construtor deverá sempre informar qual o nível de desempenho da edificação.

Tabela 3.3 Parâmetros acústicos de verificação

	Descrição	Norma	Aplicação
$L_{Aeq,nT}$	Nível de pressão sonora equivalente, padronizado de equipamento predial	ISO 16032	Ruído gerado durante a operação de equipamento predial
$L_{ASmáx.,nT}$	Nível de pressão sonora máximo, padronizado de equipamento predial	ISO 16032	Ruído gerado durante a operação de equipamento predial
$L_{Aeq,ai}$	Nível de pressão sonora equivalente no ambiente interno, com equipamento fora de operação	ISO 16032	Nível de ruído no ambiente, com o equipamento fora de operação

Tabela 3.4 Valores máximos do nível de pressão sonora contínua equivalente, $L_{Aeq,nT}$, medida em dormitórios

$L_{Aeq,nT}$ dB(A)	Nível de desempenho
≤ 30	S
≤ 34	I
≤ 37	M

Tabela 3.5 Valores máximos do nível de pressão sonora máxima, $L_{ASmáx.,nT}$, medida em dormitórios

$L_{ASmáx.,nT}$ dB(A)	Nível de desempenho
≤ 36	S
≤ 39	I
≤ 42	M

Soluções anti-ruídos

De acordo com a NBR 5626:2020 - Sistemas prediais de água fria e água quente - Projeto, execução, operação e manutenção, as tubulações devem ser dimensionadas de modo a limitar a velocidade de escoamento a valores que evitem a geração e propagação de ruídos em níveis que não excedam os valores descritos na NBR 10152:2017, Acústica - Níveis de pressão sonora em ambientes internos a edificações.

Para amenizar os ruídos, podem ser usados alguns recursos, como válvulas de descarga e registros com fechamento mais suave, limitação da velocidade nas tubulações etc. Principalmente em prédios, é preferível utilizar caixas de descarga, pois além de consumirem menor quantidade de água, não provocam golpe de aríete.

O uso de tecnologias construtivas mais novas pode ajudar em outros casos. O polietileno reticulado (PEX – Tubos flexíveis de polietileno reticulado), por ser menos rígido e permitir que a água passe por trajetos curvos de forma mais suave, tende a diminuir os ruídos. Existem também outras medidas simples que podem minimizar, ou até mesmo resolver, o problema dos ruídos – projetar as instalações de forma que as prumadas não passem por paredes de ambientes com mais exigência de ocupação, por exemplo.*

Para conforto dos moradores com relação aos níveis de ruído provocados pelas instalações, uma distribuição correta dos cômodos também é de fundamental importância. A seguir, são apresentadas algumas recomendações construtivas que devem ser observadas para evitar ou impedir o aparecimento de ruído nas edificações.**

- locar as peças de utilização na parede oposta à contígua aos ambientes habitados ou, na impossibilidade disso, utilizar dispositivos antirruído nas instalações.

- não utilizar tijolos vazados de cerâmica ou concreto nas paredes que suportem (ou tragam embutidas) tubulações de água de alimentação com ramais para válvula de descarga ou sob pressurização pneumática.

- deixar um recobrimento mínimo de 50 mm (tijolo maciço, argamassa, ou tijolo + argamassa) na face voltada para dormitórios, sala de estar, sala íntima, escritórios e *home theater*.

- utilizar vasos sanitários acoplados à caixa de descarga, em vez de válvulas de descarga.

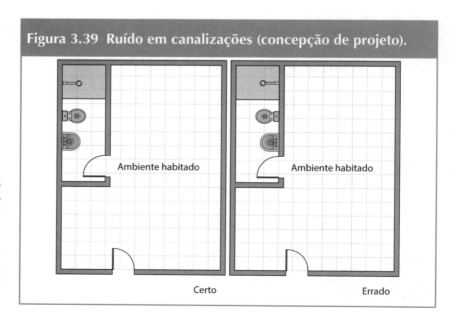

Figura 3.39 Ruído em canalizações (concepção de projeto).

---

* Fonte: LEAL, Ubiratan. Ruídos em tubulações podem ter várias causas. *Téchne*, São Paulo, Pini, n. 72, p. 48-51, 2004.

** Fonte: AIDAR, Fernando Henrique. O incômodo ruído das instalações hidráulicas. *Téchne*, São Paulo, Pini, n. 35, p. 38-42, 1988.

RUPTURAS EM TUBOS E CONEXÕES DE PVC

As fissuras e rupturas em tubos e conexões de PVC, nos sistemas prediais de água fria, ocorrem por diversos motivos, como: sobrepressão (golpe de aríete); tensionamento das instalações (deslocamento e desalinhamento da tubulação, vibrações, dilatação e contração térmica, recalque diferencial do terreno etc.); impactos no transporte dos tubos, no manuseio ou durante sua utilização; impacto acidental de máquinas e equipamentos; esforços mecânicos externos; ataque químico etc.

Rupturas causadas pelo golpe de aríete

Um fenômeno muito conhecido, que ocorre, principalmente, nos prédios mais antigos e causa ruídos extremamente desagradáveis, é o "golpe de aríete". Ele acontece quando a água, ao descer com muita velocidade pela canalização, é bruscamente interrompida, ficando os equipamentos e a própria canalização sujeitos a choques violentos.

De acordo com a NBR 5626:2020, os componentes dos sistemas de água fria e quente, durante a operação de fechamento do fluxo de aparelho sanitário, não podem provocar golpe de ariete que cause sobrepressões superiores a 200 kPa (20 mca), em relação à pressão dinâmica prevista em projeto.

Quando necessário, um dispositivo ou componente com função amortecedora da energia do golpe de ariete deve ser previsto para absorver o pico de sobrepressão em ponto próximo do local de geração do transiente.

Podem causar golpe de aríete: máquinas de lavar roupa ou louça, bombas hidráulicas, registros (principalmente os de ¼ de volta) e válvulas de descarga desreguladas ou muito antigas. O misturador monocomando é um dispositivo de alto grau de funcionalidade, porém requer cuidados com eventuais sobrepressões decorrentes de fechamento rápido.

As rupturas devido ao golpe de aríete normalmente ocorrem nos andares baixos. Nesses casos, deve-se medir a pressão estática no andar onde ocorreu a ruptura e verificar eventuais sobrepressões nos demais andares do prédio.

Para evitar ou minimizar o golpe de aríete, recomenda-se a regulagem das válvulas de descargas que estão com fechamento rápido. Caso não se consiga boa regulagem das válvulas de descarga, recomenda-se as suas substituições por outras mais modernas com fechamento lento. Também é importante verificar a existência de VRP (Válvulas Redutoras de Pressão), utilizadas quando a pressão estática tem valor acima de 4 kgf/cm^2(40 m.c.a.), regular ou substituir válvulas redutoras de pressão que estiverem apresentando problemas.

É importante ressaltar que o dimensionamento da tubulação, assumindo um limite máximo de velocidade média da água de 3 m/s, não evita a ocorrência de golpes de aríete, mas limita a magnitude dos picos de sobrepressão.

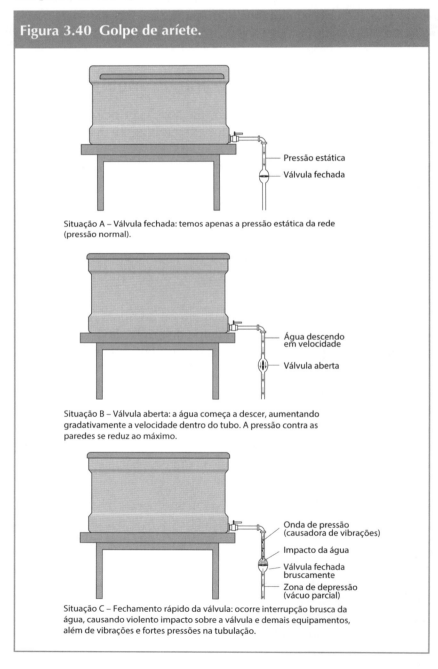

Figura 3.40 Golpe de aríete.

Situação A – Válvula fechada: temos apenas a pressão estática da rede (pressão normal).

Situação B – Válvula aberta: a água começa a descer, aumentando gradativamente a velocidade dentro do tubo. A pressão contra as paredes se reduz ao máximo.

Situação C – Fechamento rápido da válvula: ocorre interrupção brusca da água, causando violento impacto sobre a válvula e demais equipamentos, além de vibrações e fortes pressões na tubulação.

Figura 3.41 Impacto interno na tubulação de máquina de lavar louça e bombas hidráulicas (fechamento brusco).

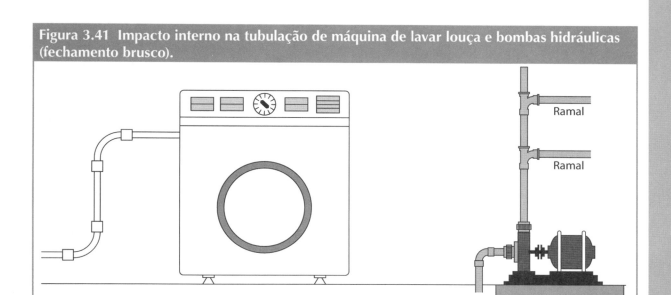

Figura 3.42 Impacto interno na tubulação com registro de pressão ou válvula de descarga (fechamento brusco).

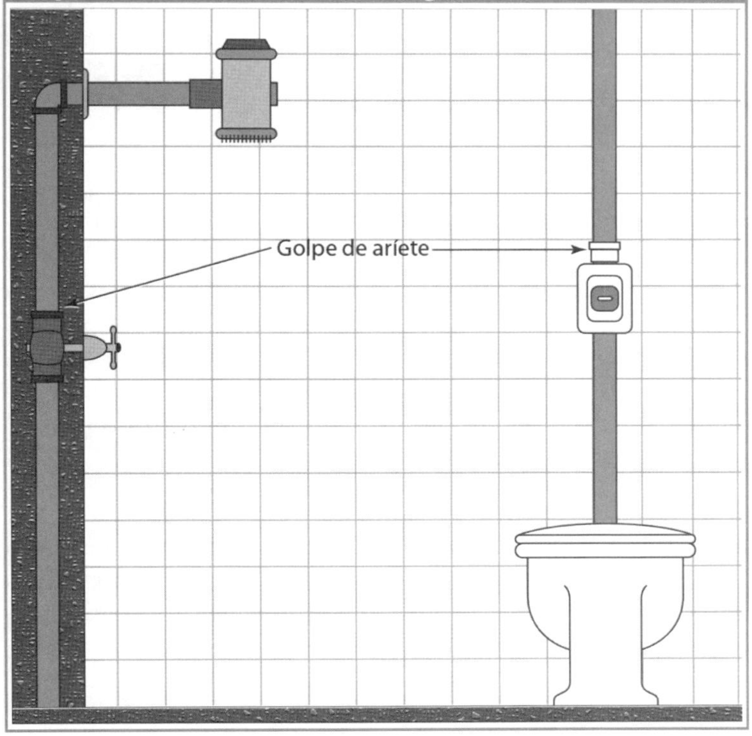

Figura 3.43 Microfissura no ângulo interno da conexão (sentido longitudinal).

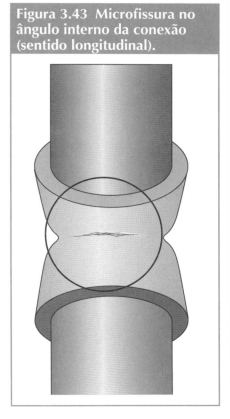

111

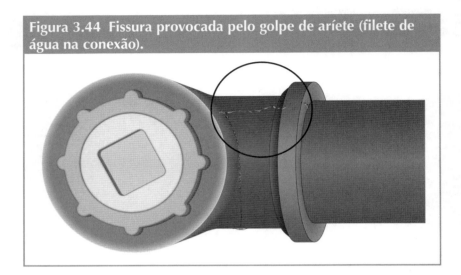

Figura 3.44 Fissura provocada pelo golpe de aríete (filete de água na conexão).

Rupturas por tensionamento na instalação

Entende-se por tensionamento na instalação o esforço mecânico externo, forçando a conexão. Uma instalação hidráulica bem feita não poderá conter tensionamentos que, com o tempo, causam fissuras, sobretudo nas conexões.

Pode ocorrer tensionamento nas instalações devido a vários fatores: deslocamento e desalinhamento da tubulação, vibrações da tubulação, dilatação e contração térmica dos tubos, recalque do terreno etc.

O rompimento por tensionamento ocorre devido ao deslocamento ou desalinhamento do tubo em relação ao seu correto posicionamento angular com as conexões. Esse tipo de patologia é muito comum, em peças instaladas na transição piso/parede. O rompimento ocorre sempre no sentido transversal do tubo e fora da linha de emenda do material ("fio de cabelo"). Se ocorrer essa patologia por desalinhamento da tubulação é importante refazer o trecho alinhando a tubulação.

Outra causa de ruptura em conexões é o tensionamento por recalque do terreno. As rachaduras no piso e nas paredes, bem como o afundamento do piso da edificação podem ser indícios de recalque no terreno. Nessa caso, deve-se corrigir as causas do recalque e, depois, substituir a conexão que apresenta o problema.

Figura 3.45 Esforço mecânico externo, forçando a conexão.

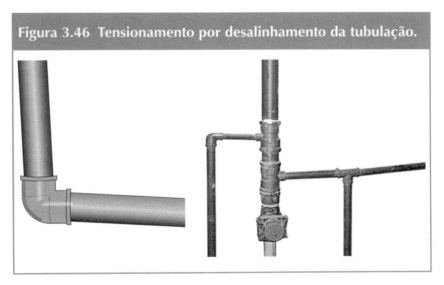

Figura 3.46 Tensionamento por desalinhamento da tubulação.

Rupturas em tubos por impactos

A ruptura em tubos pode ocorrer devido a impactos no transporte, no manuseio ou durante sua utilização. Nesse caso também deve ser verificado se o tubo sofreu impacto aparente no local onde está instalado, como, por exemplo, em garagens localizadas nos subsolos de edifícios.

O problema é que esses impactos indesejados provocam trincas ou fissuras nos tubos, muitas vezes imperceptíveis e que só são identificadas quando o produto já está instalado e em uso, causando grandes transtornos no futuro.

Caso seja constatado a presença de marcas no tubo devido ao rompimento por choque mecânico (impacto), que pode ter sido agravado com a pressão excessiva na rede, deve-se substituir imediatamente o trecho do tubo danificado, bem como providenciar uma proteção mecânica adicional ou desviar o seu traçado para evitar mais impactos.

Figura 3.47 Ruptura por impacto em tubulação aparente (subsolo de edifícios).

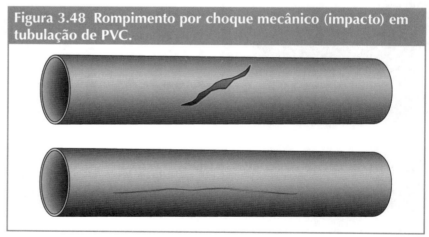

Figura 3.48 Rompimento por choque mecânico (impacto) em tubulação de PVC.

Rupturas em tubulações enterradas

A ruptura em tubulações enterradas pode ocorrer devido a impacto acidental de máquinas ou equipamentos utilizados para abertura de valas ou devido ao esforço excessivo provocado por raízes de árvores.

Para evitar o rompimento de tubulações enterradas, deve-se colocar uma placa de alerta no local informando que ali existe um tubo de PVC enterrado. No caso de locais arborizados, a tubulação deve ser desviada das árvores para evitar que futuramente as raízes danifiquem os tubos.

Figura 3.49 Rompimento da tubulação devido a raízes de árvores.

Rupturas por ataque químico

As tubulações de PVC conduzindo água sob pressão também poderão romper-se caso estejam em contato direto com solventes. Nesse caso a primeira coisa a fazer é verificar se há outras tubulações próximas com vazamentos de solventes.

Depois de eliminar o vazamento na tubulação que está conduzindo o solvente, deve-se substituir o trecho de tubo de PVC danificado e providenciar uma proteção adicional ou desvio do tubo de PVC para evitar novas ocorrências desse tipo.

O excesso de adesivo plástico na execução de juntas soldáveis também pode comprometer a eficiência do sistema. Isso acontece porque os solventes que existem na formulação dos adesivos plásticos, quando em excesso, atacam a camada externa do PVC, comprometendo suas propriedades de rigidez. Por essa razão nas instalações prediais de água fria é muito comum ocorrer vazamentos nas juntas soldáveis de tubos ou conexões.

Quando mal aplicado, com secagem prematura, o adesivo também pode comprometer a qualidade da soldagem. Esse problema pode ser potencializado pela falha na ancoragem da conexão.

Quando acontece uma falha de soldagem, deve-se refazer a junta soldável aplicando corretamente a solução preparadora e o adesivo plástico para PVC.

Figura 3.50 Falha de soldagem.

Rupturas em conexões

São várias as causas de rupturas em conexões nas instalações hidráulicas. Além das rupturas por tensionamento nas instalações, da sobrepressão causada pelo golpe de aríete, a ruptura em conexões pode ocorrer devido à execução de junta roscável com rosca fêmea de PVC e com rosca macho metálica. Nesse caso, deve-se refazer a junta aplicando as conexões azuis com bucha de latão.

O excesso de buchas de redução também pode ocasionar a ruptura das peças. Em caso de rompimento por excesso de buchas de redução curtas, deve-se substituir a conexão por uma que já possua redução, bem como introduzir um menor número de buchas de redução, substituindo preferencialmente por buchas de redução longas.

O excesso de aperto também é uma das causas de rupturas em conexões. Normalmente, isso ocorre no acoplamento de peças roscáveis, como por exemplo, a conexão de uma torneira ou registro em uma conexão soldável com bucha de latão. Neste tipo de situação, é muito comum que o rompimento não aconteça de imediato, mas ao longo do tempo, devido à fadiga do material causada pelo tensionamento provocado pelo aperto excessivo.

O manuseio incorreto das peças pode levá-las a sofrer impactos indesejados que provoquem trincas ou fissuras nelas, muitas vezes imperceptíveis e que só são identificadas quando a peça já está instalada e em uso, causando grandes transtornos no futuro. Normalmente, busca-se na superfície externa das conexões a presença de sinais que identifiquem o impacto. Quando ocorrem rompimentos por forte impacto externo, as marcas quase sempre são visíveis (apresentam linhas de rompimento características em forma de estrela). Porém, nem sempre é possível a identificação de marcas externas que caracterizaria o rompimento por impacto. Quando isso acontece é necessário um corte na peça para visualizar o aspecto interno da trinca.

Figura 3.51 Execução de junta rosqueável com rosca fêmea e com rosca macho metálica.

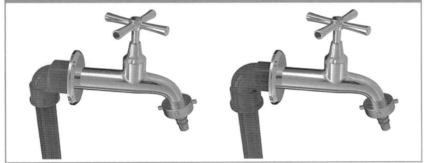

Figura 3.52 Rupturas por excesso de buchas de redução.

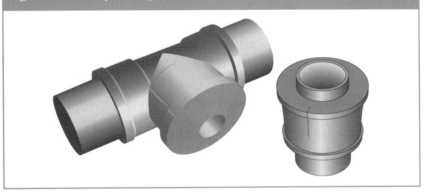

Figura 3.53 Rompimento por excesso de aperto.

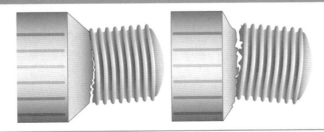

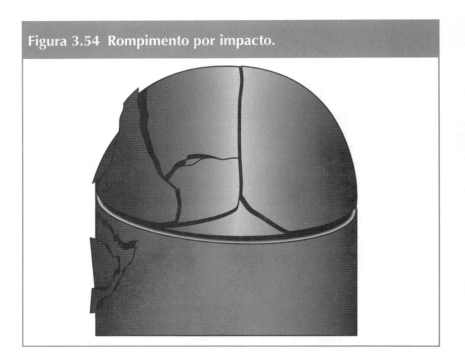

Figura 3.54 Rompimento por impacto.

USO INADEQUADO DE MATERIAIS

Uma escolha adequada dos materiais, dispositivos e peças de utilização é condição básica para o bom funcionamento das instalações, pois, mesmo existindo um bom projeto, na etapa de construção poderá ocorrer uma série de erros que pode comprometer a qualidade da construção.

O conhecimento de alguns aspectos tecnológicos das instalações prediais, visando à sua adequação aos sistemas construtivos, é de fundamental importância para o projetista.

Para a escolha dos materiais, é fundamental a observância da NBR 5626:2020, que fixa as condições exigíveis, a maneira e os critérios pelos quais devem ser projetadas as instalações prediais de água fria, para atender às exigências técnicas de higiene, segurança, economia e conforto dos usuários.

Normalmente, as tubulações destinadas ao transporte de água potável são executadas com tubos de plástico (PVC), imunes à corrosão. Existem no mercado vários fabricantes de tubos e conexões de PVC.

As principais vantagens dos tubos e conexões de PVC em relação aos outros materiais são: leveza e facilidade de transporte e manuseio; durabilidade ilimitada; resistência à corrosão; facilidade de instalação; baixo custo e menor perda de carga. As principais desvantagens são: baixa resistência ao calor e degradação por exposição prolongada ao sol.

Os tubos metálicos apresentam como vantagens: maior resistência mecânica; menor deformação; resistência a altas temperaturas (não entram em combustão nas temperaturas usuais de incêndio). As desvantagens são: suscetíveis à corrosão; possibilidade de alteração das características físico-químicas da água pelo processo de corrosão e de outros resíduos; maior transmissão de ruídos ao longo dos tubos; maior perda de pressão.

Os tubos e conexões de ferro galvanizado, geralmente, são utilizados nos sistemas hidráulicos de combate a incêndios.

Os tubos e conexões de cobre são tradicionalmente utilizados nas instalações de água quente, mas também podem ser utilizados nas de água fria. As tubulações de cobre proporcionam menores diâmetros no dimensionamento, entretanto seu custo é maior que as de PVC.

O uso do PEX nos últimos anos trouxe uma oportunidade a mais para racionalizar a execução das instalações prediais, agregando precisão, agilidade e diminuindo a necessidade de itens a gerenciar. Porém, é importante ressaltar que as conexões da linha são crimpadas, ou seja, precisam de ferramentas especiais para sua instalação.

Qualquer que seja o material escolhido para a instalação, é importante verificar se obedecem a alguns parâmetros fixados pelas normas brasileiras. Portanto, ao comprar tubos e conexões, deve-se verificar se eles contêm a marcação com o número da norma ABNT correspondente e a marca do fabricante.

A falta de observância das normas, bem como deficiências no material e na mão de obra, aliada à eventual negligência dos projetistas e construtores, pode comprometer a qualidade da obra e gerar vícios construtivos.

Durabilidade das tubulações em uso nos edifícios[*]

A qualidade da água está diretamente relacionada à durabilidade das tubulações. A água potável disponibilizada pela rede pública de distribuição, em certas localidades, pode apresentar sais minerais dissolvidos que se mostram agressivos a certos materiais de tubulações, concorrendo para a redução da vida útil.

Este é o caso da elevada concentração de carbonatos e de bicarbonatos de cálcio e magnésio, e também quando ocorrem cloretos, oxigênio e cloro ativo livre, presentes em pequenas concentrações.

A durabilidade das tubulações em uso nos edifícios depende de uma série de fatores, cuja estimativa é difícil de ser feita com precisão com tantas variáveis para serem analisadas.

---

[*] Fonte: GNIPPER, Sérgio. Qual a durabilidade do encanamento de um edifício? Qual o melhor material para as tubulações hidráulicas? *Fórum da Construção*. Instituto Brasileiro de Arquitetura. p. 4, dez. 2012.

Entretanto, é possível destacar alguns parâmetros importantes: natureza do material dos tubos e conexões (PVC, cobre, aço galvanizado, ferro fundido etc.); tipo de junta (solda, rosca com vedante, fusão pelo calor, fusão por adesivo solvente, anel de borracha elástico); condições de exposição (tubulação é embutida em alvenaria, dentro de argamassa de contrapiso de laje, instalação aparente com e sem incidência de radiação solar, sujeição a variações térmicas, sujeição a movimentações e acomodações estruturais, sujeição a oscilações cíclicas de pressão interna); natureza química e temperatura do líquido transportado pela tubulação (água potável clorada, água quente, esgoto doméstico, águas pluviais etc.).

Portanto, devido à variabilidade dos materiais e das condições de exposição das tubulações no sistema predial, também é difícil avaliar o período econômico de vida útil das tubulações de uma edificação, ou seja, o tempo máximo recomendado para ficarem em uso no edifício.

Acontece que, depois de determinado tempo de uso, os incômodos com vazamentos e gastos com reparos pontuais de uma tubulação passam ser significativos, compensando serem substituídos por outra nova.

Sob condições de exposição bastante favoráveis ao longo de toda a vida útil, estima-se os seguintes períodos econômicos para diferentes materiais de tubulações:

- tubos de PVC: cerca de 20 a 25 anos (podendo chegar a 50 anos);
- tubos de aço galvanizado com conexões de ferro maleável: cerca de 12 a 18 anos (em certas localidades esse tempo diminui para cerca de 8 a 10 anos);
- tubos de cobre com conexões de cobre/bronze, quando expostos a água não agressiva: mais de 80 anos.

As tubulações com materiais de tecnologia de produção mais recente, como o CPVC (cloreto de polivinila clorado), o polietileno reticulado (PEX) e o polipropileno random (PPR), ainda não alcançaram idade em uso suficiente para a avaliação econômica do tempo de vida útil. Por essa razão, estima-se para eles uma durabilidade semelhante à do PVC até alcançarem idade em uso suficiente para uma avaliação mais rigorosa.

ENTUPIMENTO DAS TUBULAÇÕES PELA PRESENÇA DE INCRUSTAÇÕES

Uma das principais causas da ocorrência de entupimento em tubulações de água fria e quente nas instalações prediais é a presença de incrustações nas paredes das tubulações. As incrustações diminuem a capacidade de condução hidráulica e também causam problemas relacionados à alteração da qualidade da água.

O tipo mais comum de incrustação que ocorre nas tubulações corresponde a um material predominantemente cristalino constituído basicamente por carbonato de cálcio (calcita – $CaCO_3$).

A incrustação é formada pela deposição de camadas sucessivas de material aparentemente bastante fino e coloração variando entre o bege/marrom e o cinza (correspondente aos elementos químicos presentes na água).

A formação de crostas de sais em tubulações (reduzindo a vazão), chuveiros, aquecedores, dentre outras instalações hidráulicas, é um problema frequentemente observado em situações em que a água transportada pela instalação apresenta elevados teores de cálcio, magnésio e ferro dissolvidos (água dura).

A partir dessas constatações, propostas de ações podem ser tomadas em novas edificações no sentido de minimizar a ocorrência do problema verificado, tais como o controle da água de abastecimento, especialmente da sua dureza, adotando, se necessário, tratamentos capazes de reduzir a concentração das substâncias dissolvidas.

Quando já existe o problema, a decomposição do carbonato de cálcio (calcita) se faz por meio da ação de ácidos (HCl). O ácido clorídrico pode dissolver e remover as incrustações presentes no interior das tubulações. Entretanto, o uso dessa alternativa de remoção de incrustações deve ser adequadamente planejado e testado antes da sua implantação, pois os tubos de PVC apresentam elevada resistência aos ácidos. Portanto, todo o sistema hidráulico que estará em contato com a solução ácida deverá ser avaliado quanto a sua resistência. Além disso, o uso desse sistema demanda cuidado no manuseio e necessidade de equipamentos de segurança (luvas, botas, óculos, máscaras, dentre outros).

Figura 3.55 Vista superior da incrustação.

Figura 3.56 Vista da superfície do sedimento.

Figura 3.57 Detalhe da incrustação.

ENTUPIMENTO DE CHUVEIRO

Muitas são as causas que podem levar ao entupimento do chuveiro, mas que podem ser evitadas com a prática de procedimentos bastante simples.

O cano do chuveiro pode entupir por diversos fatores como, por exemplo: a falta ou limpeza mal executada do reservatório, encanamentos de ferro muito antigo etc. De todos esses fatores, o que corre risco quanto ao insucesso de um desentupimento de chuveiro é o encanamento de ferro, que, por ser muito antigo, pode não ter a vazão natural necessária para efetuar a função para a qual foi designado.

Na maioria das vezes, uma limpeza no chuveiro que leva pouquíssimo tempo poderá resolver satisfatoriamente o problema. Dependendo do modelo do chuveiro, do tipo de instalação hidráulica e elétrica, e também do problema em si, é fundamental a presença do encanador e (ou) eletricista.

Antes de iniciar os procedimentos, é importante desligar a rede elétrica que abastece a energia para o chuveiro. Caso não tenha um disjuntor separado para isso deve-se desligar a chave geral da rede.

O primeiro passo é soltar a base do chuveiro onde sai a água, ou seja, aquela cheia de furinhos, girando-a no sentido anti-horário. Esta base em geral é rosqueada (modelo usado na maioria dos chuveiros convencionais). Porém é importante firmar bem o chuveiro com a outra mão para evitar que quebre a tubulação de água a qual esta conectado. Caso a base não seja rosqueada, é fundamental a leitura do manual do fabricante para saber como ter acesso à parte interna desta tampa para limpeza.

O segundo passo é limpar bem essa tampa do lado interno e externo usando a escova de roupas ou de dentes sob água corrente. Na maioria das vezes, este é o motivo do entupimento, pois, as impurezas da água vão acumulando nos orifícios bloqueando os pequenos furos e, assim, a passagem da água.

Depois que os orifícios foram desobstruídos, a tampa deve ser montada novamente, girando-a agora no sentido horário sem se esquecer de firmar novamente o chuveiro com a outra mão para evitar a quebra da tubulação.

Posteriormente deve-se abrir o registro de água do chuveiro e verificar se não está vazando em volta da tampa e, principalmente, se a água sai agora normalmente em fios diretos, sem interrupção ou gotejamento em todos os furos. Se o jato for melhor do que antes e satisfatório, o problema está resolvido. Caso não se perceba nenhuma alteração e o entupimento persista, pode ser que a tubulação que alimenta o chuveiro esteja com ar ou entupida. Nesse caso, em especial, que é muito raro deve-se manter o registro aberto, abrir mais torneiras e acionar a descarga para ver se chega água, em geral, ouve-se sons de ar na tubulação e logo volta ao normal.

Se ainda assim o problema persistir, deve-se verificar entupimentos na tubulação.

Nesse caso, deve-se verificar se a bucha não está presa, mantendo obstruída a passagem de água parcial ou totalmente em caso de registros de caixeta, que é um sistema de fechamento em que a bucha é substituída por uma esfera (verificar se a mesma não está solta ou quebrada). Caso seja percebida algumas dessas ocorrências, deve-se substituir a peça danificada.

De modo geral, esse procedimento resolve o problema quando o primeiro não o faz a contento e é também um dos problemas causadores de entupimento de chuveiro mais comuns. Caso ainda persista o entupimento então poderá haver algo mais grave, como entupimento da própria tubulação. Vale ressaltar que esta tarefa é mais complicada e requer maior conhecimento técnico. Nesse caso, é imprescindível a presença de um encanador.

Para evitar esses problemas é de extrema importância uma limpeza periódica do chuveiro devido a impurezas contidas na água, pois os furos de saídas de água são pequenos e podem entupir a qualquer momento, principalmente, em locais em que a água transportada pela instalação apresentar elevados teores de cálcio e magnésio dissolvidos (água dura).

Figura 3.58 Jatos de água com os orifícios desobstruídos.

INCIDÊNCIA DE AR NAS TUBULAÇÕES DE ÁGUA FRIA

É muito comum nos sistemas hidráulicos prediais a ocorrência de acúmulo de ar em colos altos de trechos de tubulações de água fria e quente conformando sifões (formando um "U" invertido).

Os desvios das tubulações devido à transposição de elementos da obra (portas, janelas etc.) não poderão ter formato de sifão, pois esse formato causa a incidência de ar na tubulação, prejudicando o desempenho da instalação em casos de falta de abastecimento de água.

Nas tubulações sempre ocorrem bolhas de ar, que normalmente acompanham o fluxo de água, causando a diminuição das vazões das tubulações. Se existir o tubo ventilador, essas bolhas serão expulsas, melhorando o desempenho final das peças de utilização. Também no caso de esvaziamento da rede por falta de água e quando a mesma volta a encher, o ar fica "preso", dificultando a passagem de água. Neste caso, a ventilação do barrilete permitirá a expulsão do ar acumulado.[*]

Caso não haja ventilação, pode ocorrer também a contaminação da instalação devido ao fenômeno chamado retrossifonagem (pressões negativas na rede, que causam a entrada de germes por meio do sub-ramal do aparelho sanitário).

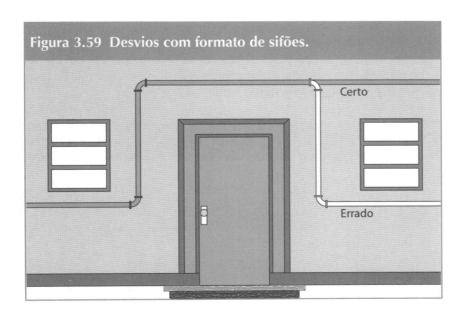

Figura 3.59 Desvios com formato de sifões.

[*] Fonte: Manual Técnico Tigre.

INCIDÊNCIA DE AR NO RAMAL PREDIAL

Além da incidência de ar nas instalações prediais de água fria e quente, é muito comum a formação de bolsas de ar na tubulação da rede pública de abastecimento de água e, consequentemente, no ramal predial (ramal que interliga a rede pública de abastecimento à instalação predial), mas basicamente isso ocorre quando os canos são esvaziados e, por consequência, preenchidos por ar. Quando ocorre o retorno na vazão de água, esse ar, sem ter por onde evacuar, é empurrado para os pontos de saída, ou seja, a torneira dos consumidores, passando, antes e inevitavelmente, pelo hidrômetro.

A incidência de ar no ramal predial (hidrômetro) pode ocorrer pelas seguintes causas: corte no fornecimento de água por razões de racionamento ou manutenção de rede; fechamento de adutoras para manutenção; uso de pressão na rede pública de distribuição para fazer a água atingir os pontos mais elevados da cidade.

O problema maior nesse caso é que o ar presente na tubulação, ao ser empurrado pela água, entra nas edificações através do "kit cavalete", e é registrado pelo hidrômetro (medidor de água) como se fosse água consumida, uma vez que esses aparelhos são muito sensíveis, a ponto de não diferenciar água e ar na contagem de metros cúbicos consumidos.

Entretanto, não é muito fácil detectar a incidência de ar no ramal de entrada de água, bem como na instalação predial. Mas quando há interrupção no fornecimento, é possível fazer um teste simples: enquanto a água não retorna, basta abrir uma torneira para sentir a passagem do ar pela torneira seca. Da mesma forma, quando a água está retornando, percebe-se que jorrará em "jatos" intermitentes. Isso demonstra a força do ar que está sendo empurrado de dentro para fora das tubulações.*

* Fonte: Manual Técnico Tigre.

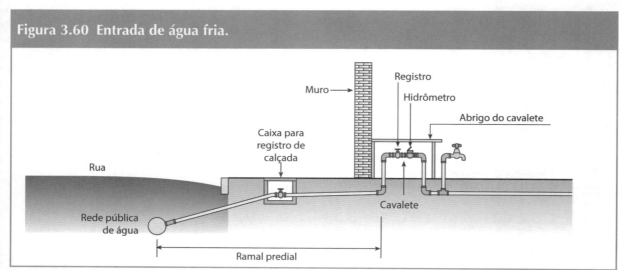

Figura 3.60 Entrada de água fria.

AR DISSOLVIDO NA ÁGUA SOB PRESSÃO

Quando a água sai branca na torneira, é muito comum se pensar em excesso de cloro. Porém, o cloro não altera a cor da água, mesmo quando em concentrações elevadas.

É importante ressaltar que a água com aspecto leitoso não oferece risco a saúde, trata-se apenas de ar dissolvido na água sob pressão. Isso normalmente acontece logo após algum conserto na rede pública ou na rede predial, devido a entrada de ar na tubulação. Essa pressão faz com que o ar atmosférico permaneça aprisionado na água na forma de bolhas muito pequenas, são estas bolhas que dão a impressão da água estar "branca" com aspecto leitoso.

MANUTENÇÃO DOS SISTEMAS PREDIAIS DE ÁGUA FRIA E ÁGUA QUENTE (SPAFAQ)

De acordo com a NBR 5626:2020, os procedimentos de manutenção do SPAFAQ devem ser elaborados com base no projeto, nos desenhos cadastrais conforme construído (as built), nos registros de execução e nas especificações dos fabricantes dos componentes. O planejamento da manutenção e a elaboração dos procedimentos correspondentes devem ser realizados em conformidade com a NBR 5674:2012 - Manutenção de edificações — Requisitos para o sistema de gestão de manutenção. As especificações ou instruções dos fabricantes dos componentes do SPAFAQ devem ser seguidas em todas as etapas de operação, uso e manutenção.

A seguir, apresentam-se as periodicidades máximas para diversas atividades de manutenção. Segundo a norma, os valores estabelecidos na tabela podem ser reduzidos depois do inicio da operação da edificação, em função da complexidade e características do sistema, e conforme as necessidades e condições encontradas em campo.

Tabela 3.6 Periodicidades máximas para atividades de manutenção

Níveis de pressão	Verificação do funcionamento das válvulas redutoras de pressão	Semestral	Qualificado
	Verificação do funcionamento das válvulas de alívio e válvulas de segurança à pressão	Semestral	Habilitado
	Verificação do funcionamento dos vasos de expansão térmica	Semestral	Qualificado
	Verificação do funcionamento de vasos e tanques de pressão	Semestral	Capacitado
	Verificação do funcionamento de bombas e pressurizadores	Semestral	Qualificado
Preservação da qualidade da água	Limpeza dos reservatórios e do sistema de distribuição	Semestral	Capacitado
	Verificação do funcionamento de dispositivos de proteção contra refluxo	Anual	Qualificado
	Verificação da simultaneidade da operação das válvulas redutoras de pressão montadas em estações redutoras de pressão	Semestral	Capacitado
	Verificação da capacidade filtrante de dispositivos e elementos filtrantes	Semestral	Qualificado
	Verificação da deterioração e oxidação dos componentes	Semestral	Capacitado
Estanqueidade do sistema	Verificação da estanqueidade do reservatório	Semestral	Capacitado
	Verificação da estanqueidade do sistema de distribuição	Semestral	Capacitado
	Verificação da capacidade de bloqueio (estanqueidade) dos registros de fechamento	Semestral	Capacitado
	Verificação da estanqueidade das peças de utilização	Semestral	Capacitado
Manutenção geral de componentes	Verificação do funcionamento adequado de peças de utilização	Semestral	Capacitado
	Verificação do estado dos espaços destinados a tubulações não embutidas e não enterradas	Semestral	Capacitado
	Limpeza de crivos de chuveiros, arejadores e peças de utilização (aspectos não estéticos)	Semestral	Capacitado
Níveis de temperatura	Funcionamento das válvulas termostáticas	Anual	Qualificado
	Funcionamento das liras e juntas de expansão	Anual	Capacitado
	Funcionamento dos dispositivos limitadores de temperatura	Anual	Qualificado
	Verificação da temperatura das fontes de aquecimento	Anual	Capacitado
	Verificação da integridade do material isolante dos tubos e componentes do sistema	Anual	Capacitado

Fonte: NBR 5626:2020

PATOLOGIA DOS SISTEMAS PREDIAIS DE ÁGUA QUENTE

4

CONSIDERAÇÕES GERAIS

A norma que especifica os requisitos para projeto, execução, operação e manutenção dos sistemas prediais de água quente é a NBR 5626:2020 – Sistemas prediais de água fria e água quente: projeto, execução, operação e manutenção. O sistema predial de água quente (SPAQ) deve ser projetado de modo que, durante sua vida útil de projeto, atenda aos mesmos requisitos exigidos para os sistemas prediais de água fria.

O sistema de água quente é formado pelos seguintes componentes: tubulação de água fria para alimentação do sistema de água quente; aquecedores, que podem ser de passagem (ou instantâneos) ou de acumulação; dispositivos de segurança; tubulação de distribuição de água quente; peças de utilização (chuveiro, ducha, torneiras de pia, lavatório e tanque). Existem no mercado diversos equipamentos para aquecimento, reserva e distribuição de água quente. Portanto, são várias as opções de aquecimento. Os principais usos de água quente nas instalações prediais e as temperaturas convenientes, nos pontos de utilização, são:

Tabela 4.1 Principais usos de água quente (temperaturas convenientes)

Uso pessoal em banhos ou higiene	35 °C a 50 °C
Em cozinhas	60 °C a 70 °C
Em lavanderias	75 °C a 85 °C
Em finalidades médicas	100 °C

Na elaboração dos projetos dos sistemas prediais de água fria e água quente, as peculiaridades de cada instalação, as condições climáticas, as características de utilização do sistema, a tipologia do edifício e a população atendida são parâmetros a serem considerados no estabelecimento do consumo.

De acordo com a NBR 5626:2020 - Sistemas prediais de água fria e água quente - Projeto, execução, operação e manutenção, o projeto do sistema de geração e, quando for o caso, de armazenamento de água quente, deve especificar o tipo de sistema de aquecimento previsto e considerar o respectivo volume, as temperaturas máxima e mínima de operação, a fonte de calor e respectiva potência.

Tabela 4.2 Estimativa de consumo de água quente

Prédio		Consumo (litros/dia)
Alojamento provisório de obra		24/pessoa
Casa popular ou rural		36/pessoa
Residências	Aquecedor elétrico	45/pessoa
	Aquecedor a gás	40/pessoa
	Aquecedor solar	50/pessoa
Apartamento		60/pessoa
Quartel		45/pessoa
Escola (internato)		45/pessoa
Hotel (sem incluir cozinha e lavanderia)		36/hóspede
Hospital		125/leito
Restaurantes e similares		12/refeição
Lavanderia		15/kg roupa seca

Com relação aos quatro parâmetros hidráulicos do escoamento (vazão, velocidade, perda de carga e pressão), o sistema predial de água quente apresenta basicamente as mesmas manifestações patológicas que ocorrem no sistema predial de água fria.

Além dos problemas já citados, apresentam-se a seguir outras manifestações patológicas que são características do sistema de água quente.

DESEMPENHO DE AQUECEDOR ELÉTRICO

Os aquecedores elétricos de passagem são dispositivos interpostos na tubulação para o aquecimento elétrico instantâneo da água (aquecida em sua passagem pelo aparelho). São exemplos: chuveiro elétrico, torneira elétrica e os aquecedores automáticos de água quente.

Os aquecedores de acumulação (também chamados "boiler elétrico") proporcionam maior conforto ao usuário, pois a água é aquecida para consumo posterior. A acumulação possibilita seu uso com maior vazão nos chuveiros ou em qualquer outro ponto de utilização. Esses aquecedores fornecem água quente de imediato e na temperatura desejada, em um ou vários pontos de consumo ao mesmo tempo, não dependendo da pressão da água para seu bom funcionamento.

Os aparelhos elétricos de acumulação utilizados para o aquecimento de água devem ser providos de dispositivo de alívio para o caso de sobrepressão e também de dispositivo de segurança que corte a alimentação de energia em caso de superaquecimento.

DESEMPENHO DE AQUECEDORES A GÁS

Existem vários tipos de aquecedor, sendo os mais comuns nas instalações prediais os de aquecimento direto ou indireto, de passagem ou acumulação. A fonte de calor empregada pode ser eletricidade, gás ou energia solar.

O tamanho do aquecedor depende do tamanho da casa ou instalação e do número de pessoas que irão utilizá-los. Portanto, os apartamentos tendem para o uso de aquecedores de passagem, enquanto as famílias grandes tendem a usar os aquecedores de armazenamento estilo tanque (acumulação).

O desempenho de um aquecedor, independentemente do modelo, depende de vários fatores. Para evitar problemas, na hora de escolher um modelo de aquecedor a gás, deve-se ter certeza de que ele está de acordo com as normas da ABNT:

- NBR 5626:2020 – Sistemas prediais de água fria e água quente – Projeto, execução, operação e manutenção.
- NBR 13103:2020 – Instalação de aparelhos a gás: requisitos.
- NBR 16057:2012 – Sistema de aquecimento de água a gás (SAAG): projeto e instalação.

Além das normas da ABNT, devem ser consideradas também as orientações de cada fabricante, pois existem no mercado diversos tipos de aquecedor.

Aquecedores de passagem a gás

Antes da instalação de um aquecedor de passagem (instantâneo) a gás, deve-se verificar se os pontos existentes na parede correspondem mesmo aos pontos de água fria, de água quente e de gás do aparelho. É importante ressaltar que todo aquecedor de passagem necessita de pressão para funcionamento, já que é acionado pela passagem de água.

Sendo assim se a água chegar sem força ao aquecedor a gás ele simplesmente não aciona.

A pressão mínima de acionamento pode variar de modelo para modelo, sendo normalmente algo entre 2 e 4 m.c.a. para modelos de aquecedores a gás digitais, que são um pouco mais sensíveis e 2 a 6 m.c.a. para versões mecânicas.

Além de pressão mínima, o fluxostato também precisa de uma vazão mínima de água para acionar. Na prática isso significa que se, por exemplo, o usuário abrir muito pouco o registro de uma torneira o aquecedor a gás nem liga.

Assim como no caso da pressão o volume mínimo para o acionamento também vária de modelo para modelo. Os aquecedores a gás digitais em média precisam de uma vazão mínima de 3,5 litros de água por minuto para funcionarem, enquanto os aquecedores a gás mecânicos precisam em média de apenas 2 litros.

Os aquecedores de passagem instantâneos a gás devem estar em conformidade com a NBR 5899:1995 - Aquecedor de água a gás instantâneo e a NBR 8130:2004 - Aquecedor de água a gás tipo instantâneo - Requisitos e métodos de ensaio.

Para dimensionar o aquecedor, é necessário saber o número de pontos de consumo que serão atendidos (duchas, torneiras de lavatórios etc.), bem como a vazão (litros/min) das peças de utilização.

Aquecedores de acumulação

A NBR 5626:2020 - Sistemas prediais de água fria e água quente - Projeto, Execução, Operação e Manutenção, apresenta os requisitos para as instalações de aquecedores de acumulação e de reservatórios de água quente, no item 6.13.1 - Especificação e dimensionamento.

É importante ressaltar que os aquecedores de acumulação e reservatórios de água quente devem ser dotados de dispositivo automático para limitar a máxima temperatura admissível da água (válvula de segurança à temperatura), bem como equipamento automático que limite a máxima pressão admissível da água, como uma válvula de alívio, ou uma válvula de segurança à pressão.

Quando alimentado com água fria por gravidade deve-se observar as seguintes condições:

- o reservatório deve permanecer escorvado mesmo quando o reservatório de água fria estiver vazio;
- é vedado o uso de válvula de retenção no ramal de alimentação de água fria do equipamento se este ramal não for protegido contra a expansão térmica;
- a tubulação de alimentação de água fria deve ser provida de sifão térmico ou outro meio para minimizar a transferência de calor para o seu anterior, por convecção, da água quente armazenada no equipamento.

Não é recomendada a alimentação do reservatório de água quente diretamente do ramal predial (direto da rua), pois o golpe de ariete pode danificar o aquecedor.

Além dos requisitos da NBR 5626:2020, os aquecedores de acumulação a gás devem obedecer às normas brasileiras aplicáveis, particularmente às normas: NBR 10540:2016 - Aquecedores de água a gás tipo acumulação — Terminologia; NBR 15575:2013 - Edificações habitacionais - Desempenho - Parte 6: Requisitos para os sistemas hidrossanitários.

Para o dimensionamento dos aquecedores de acumulação (elétrico e gás), também conhecidos como *boiler*, é necessário identificar o número de usuários do sistema (moradores), o consumo per capta e os pontos adicionais. Quando se trata de uma residência, por exemplo, é preciso saber:

- quantas pessoas residem na edificação?
- haverá banheiras de hidromassagem? Em caso afirmativo,
- quantas e qual o volume de cada uma?
- haverá máquinas de lavar louças?
- será necessário água quente na pia da cozinha e no tanque?

Por meio dessas informações, é possível calcular o volume de água quente que será consumido pelos usuários do sistema, bem como dimensionar o aquecedor ideal que atenda o nível de conforto desejado.

Tabela 4.3 Pontos adicionais.

Peça de utilização	Volume (litros)
Banheira	Volume/2
Pia de cozinha	50
Máquina de lavar roupa	150

INTERFACES DA INSTALAÇÃO DE AQUECEDORES A GÁS

Para evitar problemas, na hora de escolher um modelo de aquecedor a gás, deve-se ter certeza de que ele está de acordo com as normas da ABNT. Devem ser consideradas também as orientações de cada fabricante, pois existem no mercado diversos tipos de aquecedor. Tendo sido determinado o tipo de aparelho a gás, um dos primeiros elementos a se considerar é se o ambiente é um ambiente interno, ambiente externo ou se é o exterior da edificação. A NBR 13103:2020 - Instalação de aparelhos a gás: requisitos, estabelece as condições específicas para a classificação de um ambiente neste sentido, bem como as indicações de quais tipos de aparelhos são apropriados para cada ambiente.

De forma a assegurar que há uma quantidade de ar suficiente no ambiente para o funcionamento do aparelho, são exigidas dimensões mínimas. A altura (pé direito) deve ser multiplicada pela área (metragem quadrada) do ambiente para determinar o seu volume em metros cúbicos. Quando se faz a opção pelo aquecedor a gás, é importante a sua localização no projeto arquitetônico, devido à necessidade de ventilação permanente no local onde será instalado o aquecedor, sem que o usuário tenha controle sobre ela. As aberturas de ventilação podem ser superiores (no alto) ou inferiores (embaixo), podendo eventualmente ser necessário ambas, e seu número e dimensões estão relacionados à tipologia dos aparelhos instalados no ambiente e à sua potência. A NBR 13103:2020 apresenta as necessidades de acordo com o tipo.

Além da ventilação permanente no local da instalação, o uso da chaminé é obrigatório. Trata-se de um equipamento de segurança, por isso o instalador precisa ficar a atento a sua instalação. A chaminé serve para expulsar a combustão dos gases queimados, como monóxido de carbono, quando o aquecedor a gás é acionado pela passagem da água. O duto de exaustão ligado a chaminé deve ser resistente ao fogo e instalado por técnicos especializados, seguindo as orientação da NBR 13103:2020.

Para a instalação de qualquer modelo de aquecedor a gás, deve'-se solicitar a presença de um profissional habilitado, pois como o assunto envolve conhecimentos técnicos, nem sempre o morador está devidamente informado dos riscos que pode estar correndo dentro de sua residência ou apartamento. Para evitá-los, é aconselhado promover uma inspeção nos equipamentos a gás existentes e nas condições de ventilação dos ambientes em que estão alojados.

Figura 4.1 Exemplos de aberturas para ventilação permanente (superior e inferior).

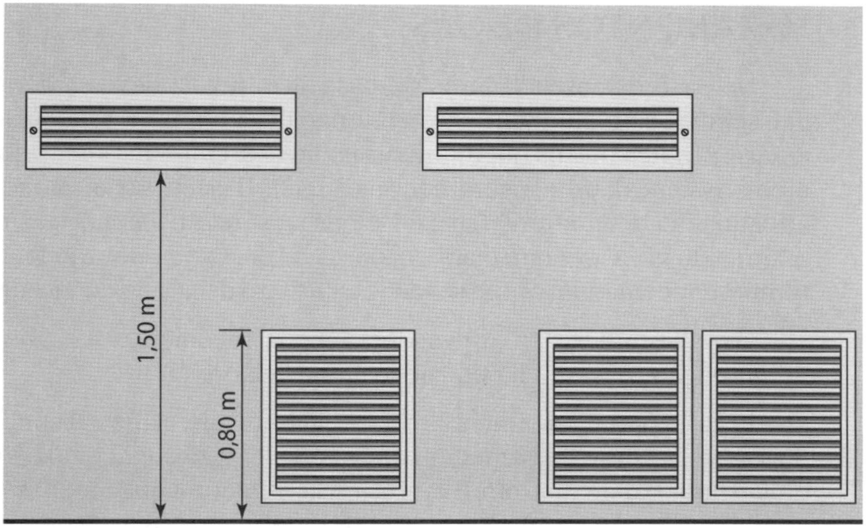

Figura 4.2 Instalação de aquecedor.

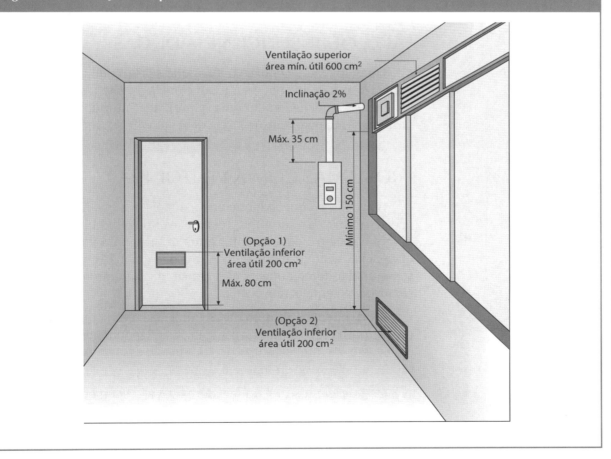

MANIFESTAÇÕES PATOLÓGICAS EM AQUECEDORES DE PASSAGEM

VAZAMENTOS DE GÁS

No caso dos aquecedores de passagem à gás, deve-se verificar sempre se a chama do gás está na cor azulada (a tonalidade amarela indica que os queimadores estão desregulados e/ou sujos, e com isso acabam consumindo mais gás). É necessário também a instalação de chaminé para eliminar as substancias nocivas da queima do gás e quando o aquecedor ficar desligado por um longo tempo, é recomendável que se feche o registro de gás do aquecedor.

Os fabricantes dos aquecedores a gás recomendam realizar manutenção preventiva pelo menos uma vez por ano.

Para detectar vazamentos de gás, é indicado utilizar espuma de sabão. Em caso de vazamento de gás, deve-se desligar a torneira de gás (abaixo do aparelho) ou retirar a pilha do aquecedor (se o aparelho for analógico). Em aparelhos digitais, o consumidor pode retirar o equipamento da tomada e, em último caso, desligar o gás. Nos dois casos, os aquecedores não vão entrar em funcionamento.

FALTA OU INSUFICIÊNCIA DE GÁS

Quando o aquecedor não liga pode ser falta de gás, se desliga depois de um tempo pode ser insuficiência de gás (nesse caso o gás chega até o aquecedor, em uma quantidade inferior ao necessário para seu funcionamento).

PROBLEMAS COM A VENTOINHA

Às vezes, o aquecedor aciona e depois desliga. Esse problema ocorre quando a ventoinha, responsável pela expulsão do monóxido de carbono, começa a ter mais esforço para girar, perdendo eficiência. Assim, o monóxido de carbono que não é expulso acaba se acumulando no aquecedor e causa um superaquecimento. Por segurança o aquecedor desliga.

A origem mais comum dessa falha é a sujeira, que se acumula na ventoinha e dificulta sua rotação, mas dependendo do tempo do aquecedor e a intensidade com que é usado essa falha pode ocorrer também pelo desgaste natural da peça.

Os fabricantes dos aquecedores a gás recomendam realizar manutenção preventiva pelo menos uma vez por ano para evitar problemas.

MANIFESTAÇÕES PATOLÓGICAS EM AQUECEDORES DE ACUMULAÇÃO

De acordo com a NBR 15575:2013 - Edificações habitacionais - Desempenho - Parte 6: Requisitos para os sistemas hidrossanitários, o nível para aceitação desempenho dos aquecedores de acumulação à gás é o atendimento aos seguintes requisitos:

- Verificação da existência do dispositivo de alívio de sobrepressão e do dispositivo de segurança na especificação do aparelho, conforme indicado no projeto;
- Verificação, na etiqueta ou no folheto do aquecedor, das características técnicas do equipamento para certificar o limite de temperatura máxima.

É também importante a verificação dos detalhes construtivos, por meio da análise do projeto arquitetônico e de inspeção do protótipo, quanto ao atendimento à norma: NBR 13103:2020 - Instalação de aparelhos a gás — Requisitos, e atender à legislação vigente.

DESEMPENHO DE AQUECEDOR SOLAR

Devido à escassez de energia e à tendência cada vez maior de aumento de tarifas de energia elétrica, a energia solar vem sendo adotada em grande escala no segmento de aquecedores de água.

Entretanto, apesar de ser constituído por equipamentos bastante simples e de fácil utilização, o sucesso de sua eficiência depende de uma correta instalação, manutenção e dimensionamento do sistema.

A norma que estabelece os requisitos de projeto e instalação para o sistema de aquecimento solar, considerando aspectos de concepção, dimensionamento, arranjo hidráulico, instalação e manutenção, onde o fluido de transporte é a água é a NBR 15569:2020- Sistema de aquecimento solar de água em circuito direto — Requisitos de projeto e instalação.

Instalação dos equipamentos

Na instalação convencional de aquecimento solar para residências, alguns parâmetros relacionados a localização e disposição dos equipamentos na cobertura devem ser rigorosamente observados para que o sistema funcione a contento.

Os coletores solares constituem a parte principal do sistema, pois é através deles que a energia solar é absorvida e transmitida à água que circula pelos tubos do interior do coletor. As placas devem ser direcionadas sempre para o Norte,[*] com desvio máximo de 30° a nordeste ou noroeste. Para uma boa absorção dessa energia, ou seja, para que os coletores recebam maior incidência dos raios solares durante o ano, a inclinação ideal das placas, em relação à horizontal, é um ângulo resultante da soma da latitude do lugar mais 5° a 10°. Como exemplo, para a cidade de São Paulo, localizada a latitude aproximadamente de 23°, recomenda-se a instalação dos coletores com 33° de inclinação.

As alturas e distâncias (mínimas e máximas) entre caixa-d'água, *boiler* e placas são fundamentais para a otimização do sistema (ver Figura 4.3). O desnível entre o topo da caixa-d'água e o fundo do reservatório térmico não poderá ultrapassar a pressão máxima admissível do equipamento, que deverá ser fornecida pelo fabricante; a distância horizontal entre o reservatório térmico e os coletores solares deverá ser de, no máximo, 6 m.

Para melhor aproveitamento de circulação da água quente nas canalizações de alimentação e retorno dos coletores, o desnível mínimo entre o fundo do *boiler* e o topo dos coletores deve ser entre 0,30 m e 4 m.

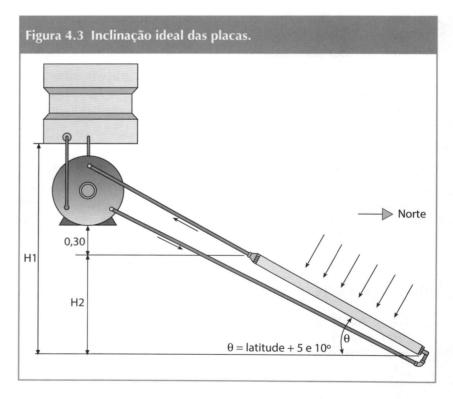

Figura 4.3 Inclinação ideal das placas.

---

[*] **Exceto nos Estados do Amapá, Roraima e Amazonas.**

Figura 4.4 Detalhe esquemático da instalação de aquecedor solar.

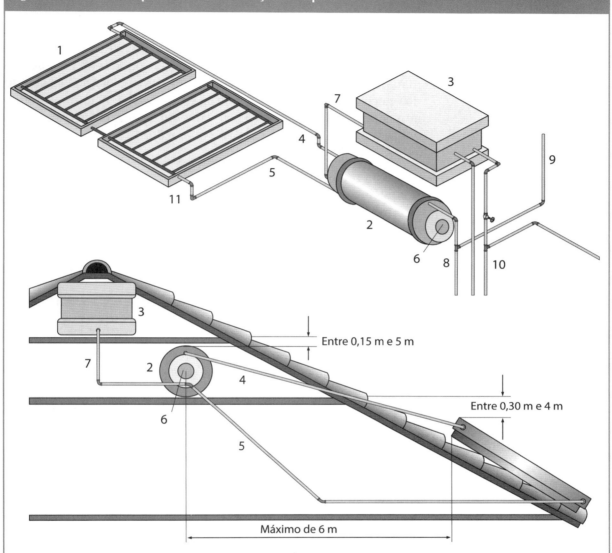

Componentes do sistema:
1 – Coletor
2 – Depósito de água fria
3 – Reservatório de água fria
4 – Subida de água quente do coletor
5 – Descida de água para o coletor
6 – Sistema auxiliar de aquecimento
7 – Entrada de água fria
8 – Saída de água quente
9 – Respiro
10 – Consumo de água fria
11 – Dreno dos coletores

Dimensionamento do sistema

O dimensionamento de um sistema de aquecimento solar está relacionado diretamente ao número de usuários e à destinação da água quente (pontos de consumo). Também deve se levar em consideração o local da instalação e a região onde será instalado. O mau posicionamento dos coletores e um dimensionamento abaixo das necessidades diárias podem reduzir a eficiência do sistema, aumentando a frequência de acionamento do auxílio elétrico, como consequência eleva-se o custo de operação.

Com relação aos coletores, quanto maior o número de placa e, consequentemente, a área coletora de energia solar, maior a quantidade de água quente disponível. Usualmente, adota-se a relação de 1 m^2 de área coletora para cada 50 litros de água a ser aquecida; nesse caso, deve ser avaliada a eficiência da absorção solar da placa coletora de acordo com informações do fabricante.

MANIFESTAÇÕES PATOLÓGICAS EM SISTEMAS DE AQUECIMENTO SOLAR

O sistema de aquecimento solar apresenta algumas vantagens e desvantagens, quando comparado a outros tipos de energia. As principais vantagens são: economia de energia (reduz, em média, 35% da conta de luz); fácil manutenção; fonte de energia inesgotável; não produz poluição ambiental. A única desvantagem do sistema é o comprometimento de sua eficiência em dias nublados ou chuvosos, sendo necessária a utilização de um sistema misto (energia solar e elétrica).

Entretanto, a eficiência do sistema pode ser comprometida pela falta de manutenção periódica dos seus componentes. Para evitar o acúmulo de sedimentos no reservatório e manter sua eficiência, deve-se escoar a água uma vez por mês em cerca de 20 litros pelo dreno de limpeza e uma drenagem total a cada 6 meses. Se o aquecedor permanecer sem uso, renovar semanalmente a água armazenada. Não testar o equipamento com água suja ou com detritos e providenciar a limpeza da tubulação antes de instalar o aquecedor.

As placas coletoras devem ser limpas pelo menos uma vez por ano, de preferência na parte da manhã, quando a temperatura não esta ainda muito alta. Isso evitará a quebra do vidro por choque térmico.

A superfície das placas coletoras deve ser lavada com água e sabão para eliminar a poeira e a oleosidade acumulada, pois o acúmulo de sujeira reduz a produção de energia das placas em função do bloqueio dos raios solares.

Os componentes elétricos devem ser revisados pelo menos uma vez por ano. No caso de alguns reservatórios é importante a verificação do anodo de magnésio. Caso esteja desgastado, providenciar sua troca. Os tubos de entrada de água fria, saída de água quente, descida para os coletores e retorno dos coletores, devem ser rosqueados no tambor interno, para facilitar a sua manutenção e assim garantir uma maior vida útil ao aparelho. Na existência da válvula anticongelante para proteção das placas coletoras (regiões com incidência de baixas temperaturas), retirá-las e efetuar a limpeza das mesmas antes do inverno.

Também é importante ressaltar que águas de poços artesianos ou águas muito agressivas, reduzem a vida útil do equipamento. Nesse caso, a manutenção do sistema deve ser feita pelo menos duas vezes por ano.

Tabela 4.4 Manifestações patológicas em sistemas de aquecimento solar

SINTOMAS	CAUSAS	SOLUÇÕES
Água não está quente	1. Vidro do coletor sujo 2. Sombra nos coletores 3. Consumo de água além do projetado 4. Bolhas de ar na tubulação 5. Inclinação ou orientação do coletor solar incorreta 6. Obstrução na tubulação ou ligação entre reservatório-coletor incorreta	1. Fazer limpeza da placa 2. Fazer poda da vegetação ou retirar obstáculo da frente do coletor 3. Redimensionar sistema 4. Abrir todos os pontos de consumo até retirar todo o ar da tubulação, caso continue, solicitar assistência técnica 5. Solicitar assistência técnica 6. Solicitar assistência técnica
Água não está quente mesmo com o sistema de apoio elétrico acionado	1. Alimentação elétrica desligada 2. Termostato do reservatório mal regulado ou com defeito 3. Resistência elétrica queimada	1. Ligar disjuntor 2. Regular termostato, se não resolver, solicitar assistência técnica 3. Solicitar assistência técnica
Água está quente demais	1. Termostato do reservatório mal regulado 2. Termostato queimado	1. Regular termostato 2. Solicitar assistência técnica
Não sai água quente no ponto de consumo	1. Registro fechado 2. Tubulação entupida 3. Bolha de ar	1. Abrir registro 2. Fazer limpeza da tubulação 3. Abrir todos os pontos de consumo até retirar todo o ar da tubulação, caso continue, solicitar assistência técnica
Vazamento no sistema	1. Dilatação térmica excessiva e/ou falta de veda rosca 2. Defeito por congelamento da água na tubulação depois de uma geada	1. Refazer a união onde houve a dilatação térmica ou falta de veda rosca 2. Solicitar assistência técnica

Fonte Komeco Aquecedores

VAZAMENTOS EM RESERVATÓRIO TÉRMICO (BOILER)

O reservatório térmico, também conhecido como *boiler*, tem a finalidade de armazenar a água aquecida e conservá-la para posterior utilização, já que, nas horas em que há radiação solar, existe pouca demanda por água quente. É fabricado em cobre ou aço inox, com acabamento externo de alumínio. Internamente, a água quente se mistura com a fria, ficando a água quente sempre na parte superior. O *boiler* possui resistência elétrica, que aquece a água em dias em que não há luz solar suficiente. Comandada por um termostato, ela liga e desliga de acordo com a temperatura da água.

Em dias com grande luminosidade, a água quente pode ficar armazenada por várias horas, sem precisar acionar a resistência elétrica.

A principal causa de vazamentos nos reservatórios de água quente é a não observância da altura máxima entre a caixa-d'água e o reservatório de água quente, pois os *boilers* podem ser de alta e de baixa pressão.

Os *boilers* de baixa pressão são mais econômicos e indicados para instalações em que a caixa de água fria esteja logo acima do boiler, sendo que o seu nível de água deverá estar no máximo com 4 m.c.a. Os *boilers* de alta pressão são recomendados para sistemas pressurizados e instalações onde a caixa de água fria está muito elevada (trabalham com até 40 m.c.a.).

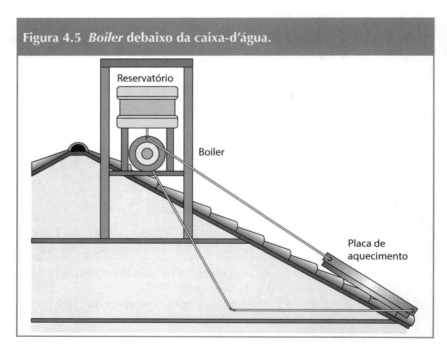

Figura 4.5 *Boiler* debaixo da caixa-d'água.

CONDUÇÃO DE ÁGUA QUENTE COM TEMPERATURA E PRESSÃO EXCESSIVA

A condução de água quente com temperatura e pressão excessiva pode causar deformações em tubos. Quando isso acontece, deve se verificar se o tubo está no ramal de água quente do aquecedor, se apresenta deformações expressivas, o estado de conservação do aquecedor e medir a temperatura e pressão de saída de água quente do aquecedor. De acordo com a NBR 5626:2020, a tubulação de água fria que alimenta os aquecedores deve ser feita com materiais resistentes à temperatura máxima de água quente (70° C).

Para controlar a temperatura e a pressão no sistema de água quente devem ser instalados dispositivos de segurança: controladores de temperatura e pressão.* De certa forma, os próprios sistemas básicos de comando automático, para ligar ou desligar o aquecedor, já servem como controladores de temperatura, mas os equipamentos podem ainda contar com outros dispositivos de segurança para evitar o superaquecimento, evitando-se a possibilidade de ocorrência de queimaduras mais graves quando de uma utilização normal do sistema. A pressão do sistema é controlada através do suspiro (um elemento de segurança que tem a finalidade de evitar o aumento de pressão de vapor no caso da ocorrência de um superaquecimento). O diâmetro do tubo de respiro deve ser maior ou igual ao diâmetro da tubulação de distribuição.

Caso seja constatado temperatura acima de 70 °C, recomenda-se uma regulagem ou substituição dos dispositivos de controle de temperatura do aquecedor ou até mesmo a sua substituição por outro aquecedor.

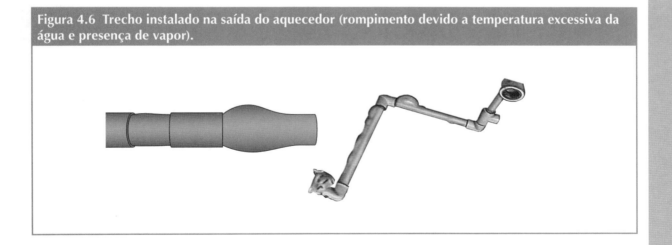

Figura 4.6 Trecho instalado na saída do aquecedor (rompimento devido a temperatura excessiva da água e presença de vapor).

* **Fonte: Manual Técnico Tigre.**

Figura 4.7 Instalação de suspiro na saída de água quente de aquecedor de acumulação em residências.

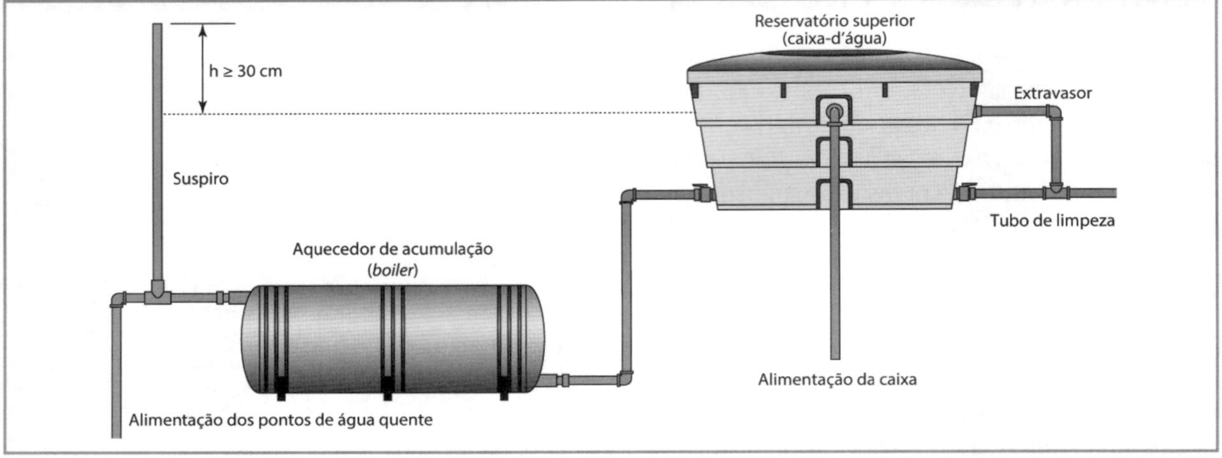

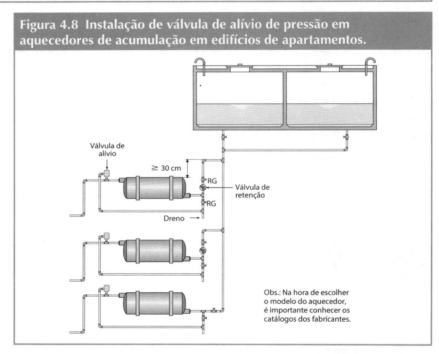

Figura 4.8 Instalação de válvula de alívio de pressão em aquecedores de acumulação em edifícios de apartamentos.

RETORNO DE ÁGUA QUENTE PARA A TUBULAÇÃO DE ÁGUA FRIA

A utilização de misturadores é obrigatória se houver possibilidade da água ultrapassar 40 °C, devendo-se ter o cuidado de evitar a inversão da água quente pela rede de água fria e vice-versa, pois o retorno de água quente para a tubulação de água fria pode causar deformação do tubo. Nesse caso, deve-se verificar se o rompimento ocorreu na tubulação de alimentação de água fria que alimenta o misturador do aparelho e substituir o trecho de tubo de PVC danificado. Um exemplo muito comum acontece com o uso da ducha higiênica quando o usuário deixa os dois registros de pressão abertos, fechando o fluxo d'água somente no gatilho da mangueira da ducha higiênica. Para evitar a deformação do tubo por retorno de água quente, é importante orientar o usuário para que feche o fluxo d'água sempre pelos registros do misturador.

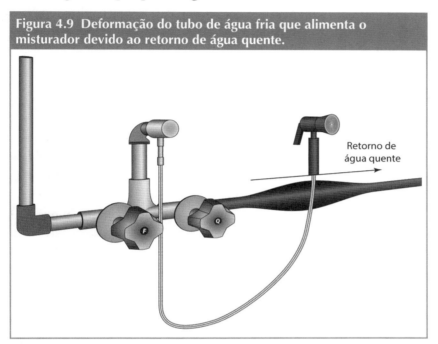

Figura 4.9 Deformação do tubo de água fria que alimenta o misturador devido ao retorno de água quente.

Se for constatado a deformação ou rompimento na tubulação de alimentação do aquecedor de acumulação ou de passagem, verificar se há falha de funcionamento do termostato (aparelho de controle de temperatura) do aquecedor de acumulação ou dispositivo de acionamento automático dos queimadores à gás. No caso de aquecedores de passagem, verificar se a alimentação de água fria foi feita diretamente do ramal predial (direto da rua).

Constatado o problema deve-se providenciar o conserto ou substituição do termostato ou do dispositivo automático de acionamento dos queimadores e substituir a tubulação rompida (deformada). É importante ressaltar que a tubulação de água fria que alimenta os aquecedores deve ser feita com materiais resistentes à temperatura máxima de água quente (70 °C).

Se a causa do problema é pelo fato da alimentação do aquecedor ter sido feita por tubulação de alimentação direto da rua, deve-se substituir esta tubulação por uma que seja alimentada por reservatório superior.

OSCILAÇÕES DE TEMPERATURA NOS PONTOS DE ÁGUA QUENTE

A temperatura da água no sistema de armazenamento e distribuição de água quente deve atender às necessidades dos usuários e aos usos pretendidos. Porém, quando houver sistema de água quente para os pontos de utilização nas edificações habitacionais, o sistema deve prever formas de prover ao usuário que a temperatura da água na saída do ponto de utilização seja limitada.

De acordo com a NBR 5626:2020 - Sistemas prediais de água fria e água quente - Projeto, execução, operação e manutenção, o sistema predial de água quente deve ser projetado de modo a minimizar o risco de escaldamento. Tubulações de distribuição de água fria que alimentam aquecedores de água ou misturadores de água fria e quente não podem alimentar aparelhos sanitários cuja entrada em operação possa acarretar transiente de pressão ou escaldamento, como válvulas de descarga de bacia sanitária.

Quando o sub-ramal do chuveiro está ligado ao mesmo ramal que o sub-ramal da válvula de descarga, por serem as vazões e diâmetros destes bastante diferentes, ao se acionar a válvula de descarga, parte da vazão que alimentava o sub-ramal do chuveiro deixa de alimentá-lo e passa a alimentar apenas o sub-ramal da válvula de descarga.

Com a consequente redução da vazão de água fria no sub-ramal do chuveiro e a manutenção da vazão de água quente, ocorre o desequilíbrio da temperatura anteriormente ajustada para o banho. A mesma oscilação ocorreria caso fosse o lavatório que estivesse em uso.

Figura 4.10 Representação esquemática do desvio de água fria do chuveiro para a válvula de descarga.

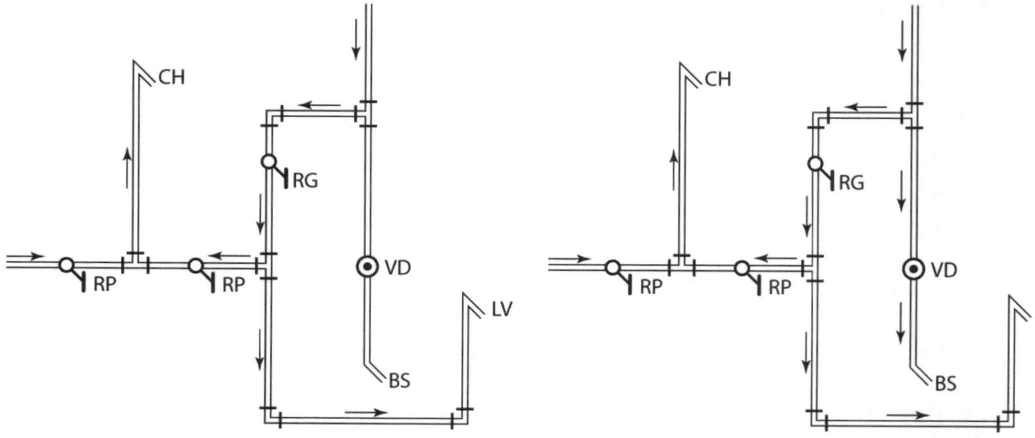

(a) Chuveiro acionado

(b) Válvula de descarga acionada, desvio do chuveiro para descarga

DEMORA NA CHEGADA DE ÁGUA QUENTE

A demora na chegada de água quente ocorre quando os pontos de consumo estão muito distantes do sistema de aquecimento. Além da demora, nesse intervalo, a água parada, fria, é descartada, mas computado pelo hidrômetro.

Isso também acontece em locais onde, em determinados dias do ano, a temperatura da água é muito baixa e usa-se aquecedor de passagem. Nesse caso, o acréscimo de temperatura dada a água, pelo aquecedor, não é suficiente para atingir a temperatura desejada. Em ambas as situações, o ideal seria utilizar aquecedor de acumulação, dimensionado corretamente, de acordo com o volume a ser consumido, com sistema de recirculação.

O super dimensionamento das tubulações também pode ocasionar a demora na chegada de água quente no ponto de utilização. É importante destacar que, ao contrário das instalações de água fria, em que o super dimensionamento das tubulações não interfere tanto no funcionamento do sistema, no caso das instalações de água quente, o super dimensionamento causa problemas, pois as canalizações poderão funcionar como reservatórios, ocasionando uma demora na chegada da água quente até os pontos de consumo (torneiras, chuveiros etc.) e, assim, seu resfriamento.

LIMITES DE TEMPERATURA DO SISTEMA DE ÁGUA QUENTE

De acordo com a NBR 5626:2020, "valores e limites de temperatura do sistema de armazenamento e distribuição são funções das características dos sistemas de geração de calor (como eletricidade, gás, solar etc.), do tipo de armazenamento e da estrutura de distribuição.

Onde houver possibilidade de a temperatura da água quente ultrapassar 45º C em pontos de utilização de água quente para uso corporal, a norma recomenda empregar recurso de segurança intrínseca com atuação automática para limitar a temperatura a este valor. No caso de duchas higiênicas, jardins da infância, residências de idosos e determinadas clinicas e hospitais, a temperatura máxima de uso recomendada é 38º C.

PERDA REPENTINA DE TEMPERATURA

A perda de temperatura da água é geralmente uma experiência estressante, principalmente, na hora do banho. Um chuveiro frio inesperadamente pode resultar em tensão e sensações térmicas desagradáveis.

Uma perda de temperatura normalmente indica um problema com o aquecedor de água quente.

Quando isso acontece, deve-se desligar todos os dispositivos que estão atualmente usando água quente, para saber se o aquecedor de água quente esta sobrecarregado. Máquinas de lavar roupa e máquinas de lavar louça vão drenar rapidamente seu fornecimento se usados ao mesmo tempo juntamente com seu chuveiro. É recomendável aguardar 30 minutos antes de ligar o chuveiro novamente para observar se a água quente tem sido alimentada.

As torneiras e outras fontes de água da edificação também devem ser verificadas para saber se neles também estão faltando água quente ou se o problema é exclusivo do chuveiro. Se o chuveiro é o único aparelho sem água quente, isso significa que o aquecedor está funcionando bem e que o problema é específico do chuveiro.

Outra recomendação é verificar o aquecedor de água e observar se o piloto está aceso (se houver) e que o termostato está definido para um nível aceitável. Deve-se colocar o termostato para ver se o calor do chuveiro aumenta em resposta.

Se o aquecedor de água parece estar funcionando corretamente, mas o chuveiro ainda estiver frio com a válvula de água quente ligada, provavelmente pode ter uma obstrução no tubo por trás da parede do chuveiro. Isso requer a presença de um encanador experiente para corrigir adequadamente o problema sem causar danos.

AUSÊNCIA DE ISOLAMENTO TÉRMICO

Os aquecedores, reservatórios de água quente, equipamentos e tubulações do sistema predial de água quente devem ser projetados e instalados de forma a reduzir perdas térmicas. A ausência de isolamento térmico em alguns tipos de tubulação aumenta o efeito de troca de calor das tubulações com o meio ambiente, fazendo com que a temperatura da água não fique aquecida por muito tempo.

As perdas de calor devem ser estimadas no projeto em função dos materiais utilizados nos componentes e das peculiaridades do sistema predial de água quente, como a forma e local de instalação, a temperatura prevista para a água etc.

Existem diversos materiais para o isolamento térmico, sendo que o mais comum é o polietileno expandido, que evita uma perda significativa de calor. O material pode ser usado em instalações embutidas ou aparentes. Para essa última aplicação, deve ser protegido das intempéries, em geral, com o uso de fitas isolantes ou alumínio corrugado.

Para evitar perdas excessivas de calor as tubulações de cobre, por exemplo, podem ser revestidas com polietileno expandido.

A característica mais importante a ser observada em um material isolante térmico é a sua condutividade térmica (K): quanto menor a condutividade térmica melhor é a capacidade de isolamento.

O isolamento térmico também evita o deslocamento do revestimento das paredes. O tubo deve ser totalmente revestido para garantir que haja o isolamento térmico.

No caso de tubulações em CPVC, estas trocas de calor atingem valores mínimos, tendo como causa a baixa condutividade térmica do CPVC.

Portanto, nas instalações executadas com tubos e conexões de CPVC, a água quente chega mais rápido ao ponto considerado, em função da pequena perda de calor ao longo da tubulação.

De acordo com o Manual Técnico Tigre, o uso de isolamento térmico no CPVC é recomendado apenas nos casos em que as distancias entre o aquecedor e o ponto de consumo estiverem acima de 20 metros ao ar livre (casos raros) ou em que a perda possa ser mais significativa, ou a critério do projetista responsável.

PRESSÃO INSUFICIENTE NOS PONTOS DE UTILIZAÇÃO

O fabricante deve definir os valores limites da pressão dinâmica para as peças de utilização de sua produção, respeitando sempre as normas específicas. Em qualquer caso, a pressão dinâmica da água nos pontos de utilização não deve ser inferior a 1 m.c.a.

De acordo com a NBR 5626:2020, "as pressões dinâmicas das água fria e quente atuantes a montante de misturadores convencionais devem ter valores próximos entre si para evitar oscilações de temperatura da água durante o uso, especialmente ao operarem com baixas vazões de projeto.

Também é importante ressaltar que uma pressão excessiva nos pontos de utilização tende a aumentar desnecessariamente o consumo de água. Portanto, em condições dinâmicas, os valores das pressões nessas peças devem ser controlados para resultarem próximos aos mínimos necessários para o adequado funcionamento da peça de utilização ou do correspondente aparelho sanitário operando com vazão de projeto.

O fabricante deve definir os valores limites da pressão dinâmica para as peças de utilização de sua produção, respeitando sempre as normas específicas.

É importante ressaltar que a pressão excessiva nos pontos de utilização tende a aumentar desnecessariamente o consumo de água. Portanto, em condições dinâmicas, os valores das pressões devem ser controlados para resultarem próximos aos mínimos necessários.

EFEITOS DA DILATAÇÃO E DA CONTRAÇÃO TÉRMICA

Todos os materiais estão sujeitos aos efeitos da dilatação térmica, expandindo-se quando aquecidos e contraindo-se quando resfriados. Quando o tamanho de um material aumenta em função de variações de temperatura, dizemos que ele se dilata termicamente.

A dilatação térmica pode ser linear, superficial e volumétrica. No caso das tubulações, prevalece a dilatação linear em função do comprimento dos tubos.

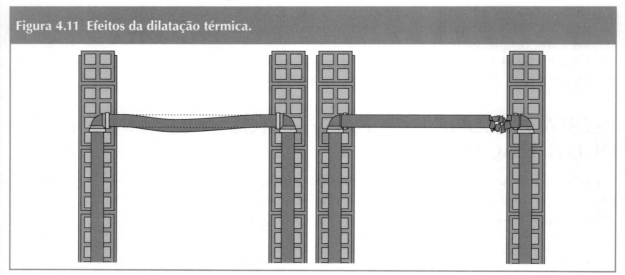

Figura 4.11 Efeitos da dilatação térmica.

Com uma tubulação de PVC esse fenômeno também acontece. A dilatação e contração térmica ocorrem nos tubos independentemente do tipo e temperatura do fluido. Isso significa que ela ocorre nas tubulações de PVC que conduzem água fria e quente, esgoto e águas pluviais. Portanto, deve ser considerado no projeto o efeito da dilatação e contração térmicas das tubulações e especificadas as condições de instalação para cada tipo de material, respeitadas as respectivas normas de produto e de aplicação.

A dilatação ou a contração linear dos tubos pode ocasionar rupturas em conexões devido a tensionamento causado pelo efeito da dilatação e contração térmica. Quando acontece essas rupturas deve ser verificado se a tubulação aparente está submetida a grandes variações de temperatura; o comprimento máximo da tubulação sem desvios de direção; o sistema de apoios; verificar a existência de dispositivo que permite absorver a movimentação da tubulação.

Na maioria das instalações embutidas essa movimentação é absorvida pelo traçado da tubulação devido ao grande número de conexões utilizadas. Em instalações aparentes, deve-se evitar trechos longos e retilíneos entre pontos fixos.

De acordo com a NBR 5626:2020 "o projeto deve contemplar elementos ou mecanismos que permitam absorver as movimentações térmicas, sempre que necessários, como liras ou "Juntas de Expansão". Nos casos em que não exista esta possibilidade, devem ser previstos sistemas de ancoragem, suportes, tubos e conexões que resistam às tensões mecânicas e ao processo de fadiga".

As liras são desvios na tubulação feitos com curvas a 90° e funcionam como "molas" para garantir a boa expansão e contração das tubulações Aquatherm. Existem dois modelos bastante usuais: o modelo "U" ou o modelo "S" (mudança de direção).

No caso de instalação de liras, é importante ressaltar que as mesmas deverão ser instaladas sempre no plano horizontal para se evitar a formação dos sifões. É também recomendável utilizar curvas ao invés de cotovelos no traçado da lira, pois isso favorece o desempenho hidráulico da tubulação e causa menor perda de carga.

Em trechos longos e retilíneos, outra opção para absorver variações do comprimento dos tubos (dilatação e contração) é a "Junta de Expansão", que substitui o uso das liras nos diâmetros 28, 35, 42 e 54 mm, ocupando menos espaço na construção, garantindo velocidade na montagem e minimizando o risco de vazamentos. É instalada entre pontos fixos e retilíneos da tubulação de água quente. Para o dimensionamento da "Junta de Expansão" deve-se consultar o manual do fabricante.

Assim como os demais materiais, os tubos de termofusão também sofrem os efeitos de contração e dilatação térmica. Em instalações aparentes maiores que 40 m de comprimento, deve-se considerar a dilatação linear antes de iniciar o projeto. O traçado da tubulação deve ser de forma a permitir a livre movimentação da tubulação.

Para evitar trincas e fissuras na alvenaria é conveniente criar um espaço livre entre a tubulação e o reboco, o que pode ser obtido envelopando a tubulação com papelão.

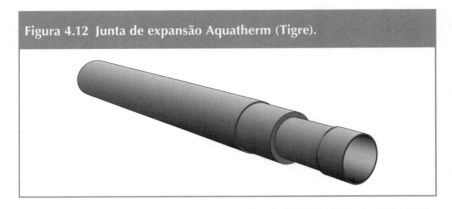

Figura 4.12 Junta de expansão Aquatherm (Tigre).

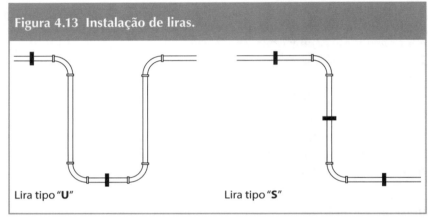

Figura 4.13 Instalação de liras.

Lira tipo "U"　　　　Lira tipo "S"

USO INADEQUADO DE MATERIAIS

Uma das principais causas de manifestações patológicas em sistemas prediais de água quente está relacionada ao desconhecimento sobre as características dos materiais utilizados para a condução de água quente.

Nas instalações prediais de água quente, são utilizados tubos e conexões de cobre, CPVC (policloreto de vinila clorado), PEX (tubos flexíveis de polietileno reticulado) e PPR (polipropileno copolímero Randon).

O CPVC, que é um material com todas as propriedades inerentes ao PVC, somando-se a resistência à condução de líquidos sob pressões a altas temperaturas, apresenta uma vantagem em relação ao cobre, que é a dispensa do isolamento térmico, uma vez que o próprio material do tubo é um isolante, enquanto o cobre é condutor de calor. Por essa razão, a água quente chega mais rápido ao ponto considerado, em função da pequena perda de calor ao longo da tubulação. A Tigre apresenta a linha *Aquatherm* para a condução de água quente, que são tubos e conexões cuja matéria-prima é o CPVC.

O PPR - Tipo 3 é uma resina de última geração e o que existe de mais moderno em condução de água quente. Além da mínima ocorrência de manutenção e a praticidade das instalações, este sistema inteligente de condução de água fria e quente apresenta algumas vantagens em relação aos tubos metálicos tais como: resistência à água quente sem risco de vazamentos, ausência de toxicidade e a sua longa vida útil em condições extremas. Outra vantagem do PPR é a baixa condutividade térmica que conserva a temperatura da água transportada por mais tempo, evitando a transmissão de calor para a parte externa do tubo, o que dispensa a necessidade de isolamento térmico. A Amanco Brasil apresenta no mercado o sistema Amanco PPR. Um produto inovador e moderno que alia qualidade e tecnologia para dar maior garantia nas instalações prediais de água quente.

Assim como ocorre com outros materiais, o uso do PEX para instalações de água quente deve estar respaldado em um projeto que considere o seu uso, em produtos que atendam aos requisitos da NBR 15939-1:2011 - Sistemas de tubulações plásticas para instalações prediais de água quente e fria - Polietileno reticulado (PEX) Parte 1: Requisitos e métodos de ensaio e NBR 15939-2:2011 - Sistemas de tubulações plásticas para instalações prediais de água quente e fria - Polietileno reticulado (PEX) Parte 2: Procedimentos para projeto.

USO OBRIGATÓRIO DO COBRE

O cobre em si é um excelente material, mas é caro e difícil de trabalhar, pois precisa ser soldado com estanho, num processo que demanda muita habilidade para não comprometer a qualidade do serviço. Além disso, os tubos de cobre devem ser revestidos com isolamento térmico, para diminuir o efeito da troca de calor com o meio ambiente, mantendo, por maior tempo, a temperatura da água aquecida. Esse isolamento deverá estar protegido da umidade e da radiação solar. Tradicionalmente, a tubulação de cobre é mais conhecida dos construtores pelo seu uso nas instalações prediais de água quente.

Entretanto, quando se trata de especificar um material para a condução de água quente, algumas situações determinam o uso obrigatório do cobre por ser o único material resistente disponível no mercado, por exemplo, instalação de vapor para hospitais e lavanderias. Na instalação de aquecedores de passagem, a utilização de tubulações e conexões de cobre também é obrigatória por questão de segurança dos usuários. Dada a resistência do cobre a elevadas temperaturas, sem sofrer rompimentos, deformações ou estrangulamentos, o uso é obrigatório por ser o único material com essas características. Qualquer outro produto não deve ser empregado na instalação de aquecedores, uma vez que podem sofrer rompimentos, provocar vazamento de água aquecida ou até mesmo causar a explosão do aquecedor no caso de estrangulamento da tubulação, decorrente do processo de incrustação ou derretimento de tubos.*

Segundo a NBR 13206:2010 - Tubo de cobre leve, médio e pesado, sem costura, para condução de fluidos – Requisitos, os tubos de cobre devem conter no mínimo 99,90% de cobre em sua composição química. Os tubos e conexões de cobre são classificados da seguinte forma:

- Classe E: indicados para instalações hidráulicas prediais. A pressão de serviço máxima na rede, admitida pela norma brasileira, é de 4 kgf/cm^2 ou 40 m.c.a. (metros de coluna d'água). Para se ter um parâmetro da alta resistência mecânica suportada por uma tubulação em cobre nessa classe, o menor valor de pressão de ruptura encontrado é de 14 kgf/cm^2 ou 140 m.c.a., ou seja, 3,5 vezes maior que a pressão admitida pela norma;
- Classe A: tubos dessa classe são, em geral, utilizados nas instalações de gás. A norma indica, para instalações de gás, tubulação em cobre com espessura mínima de 0,8 mm;
- Classe I: tubos indicados para instalações de alta pressão (industriais). As conexões para os tubos de cobre são executadas com o mesmo material, de acordo com a NBR 11720:2010 - Conexões para união de tubos de cobre por soldagem ou brasagem capilar — Requisitos. São fornecidas com ou sem anel de solda e possuem pressão de serviço compatível com a dos tubos.

VAZAMENTOS EM TUBULAÇÕES DE COBRE

É muito comum vazamentos em tubulações de cobre por falhas no processo de soldagem e pela ocorrência de um fenômeno chamado de "par galvânico".

Vazamentos por falhas no processo de soldagem

Para evitar vazamentos causados por falhas no processo de soldagem é necessário contar com uma mão de obra mais qualificada quando o material escolhido demanda solda nas ligações, como é o caso do cobre.

O cobre em si é um excelente material, mas é caro e difícil de trabalhar pois precisa ser soldado com estanho, num processo que demanda muita habilidade para não comprometer a qualidade do serviço. Para fazer o reparo e consertar o vazamento é necessário conhecimento profissional e diversos equipamentos especializados para este tipo de trabalho.

---

* **Fonte: MARTINHO, Edson; AGUIAR, João Guilherme.** *Instalações de cobre para condução de água quente*. **PiniWeb, São Paulo, 1º out. 2003. Disponível em: <http://www.piniweb.com.br/construcao/noticias/instalacoes-de-cobre-para-conducao-de-agua-quente.htm>. Acesso em: 18 nov. 2012.

Existem dois tipos principais de soldagem, a solda quente e a solda fria. A solda quente é utilizada na maioria das vezes, é mais tradicional e muito mais segura. Porém, exige equipamentos caros, conhecimento e experiência.

Vazamentos causados pela corrosão

Além da qualidade da água, um fator que acelera acentuadamente a degradação de tubos metálicos é o chamado "par galvânico" ou "pilha galvânica". Quando um material é colocado em contato direto com outro tubo metálico de natureza eletroquímica muito diversa em presença de água, surge uma fraca corrente elétrica de baixa voltagem na região de contato desses metais diferentes, como ocorre com uma pilha ou bateria elétrica. Esse processo origina reações químicas de degradação do metal menos nobre, causando corrosão prematura e acelerada na tubulação galvanizada.

Quando possível, um recurso para evitar a corrosão galvânica em tubos metálicos é interpor uma camada isolante de material não condutor entre os metais diferentes. Utiliza-se uma conexão denominada "União Dielétrica", um lado tem uma luva de plástico para não deixar encostar na porca da união e um anel de borracha que veda e separa os dois materiais para não haver contato.

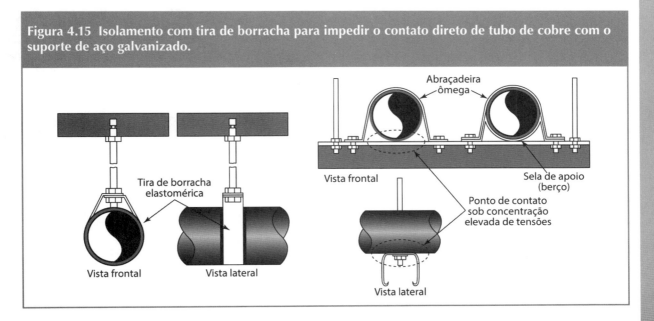

Figura 4.15 Isolamento com tira de borracha para impedir o contato direto de tubo de cobre com o suporte de aço galvanizado.

Figura 4.16 Vazamentos resultante do contato direto de tubulação de cobre com tubulação de aço galvanizado.

Figura 4.17 União dielétrica.

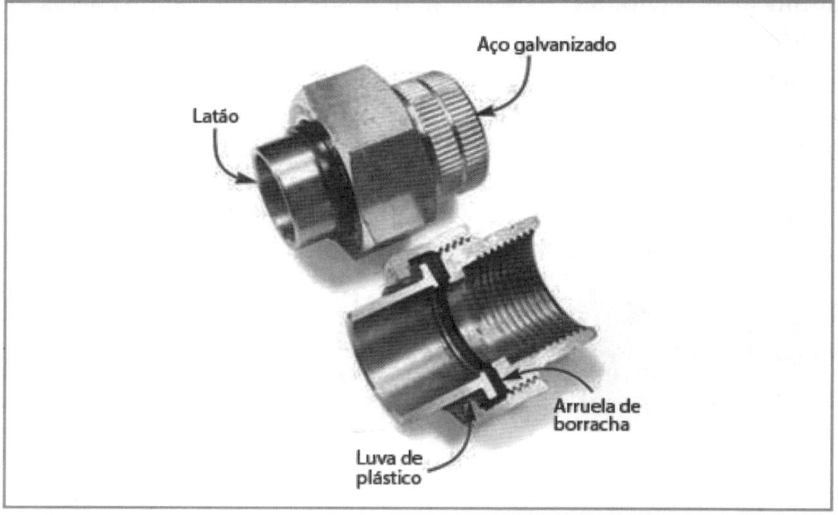

PATOLOGIA DOS SISTEMAS PREDIAIS DE ESGOTO SANITÁRIO

CONSIDERAÇÕES GERAIS

As instalações prediais de esgotos sanitários destinam-se a coletar, conduzir e afastar da edificação todos os despejos provenientes do uso adequado dos aparelhos sanitários, dando-lhes um rumo apropriado, normalmente indicado pelo poder público competente. O destino final dos esgotos sanitários pode ser a rede pública coletora de esgotos ou um sistema particular de recebimento e pré-tratamento em regiões (locais) que não dispõem de sistema de coleta e transporte de esgotos. As condições técnicas para projeto e execução das instalações prediais de esgotos sanitários, em atendimento às exigências mínimas quanto a higiene, segurança, economia e conforto dos usuários, são fixadas pela NBR 8160:1999- Sistemas prediais de esgoto sanitário. De acordo com a norma, o sistema de esgoto sanitário deve ser projetado de modo a:

- evitar a contaminação da água, de forma a garantir sua qualidade de consumo, tanto no interior dos sistemas de suprimento e de equipamentos sanitários, como nos ambientes receptores;

- permitir o rápido escoamento da água utilizada e dos despejos introduzidos, evitando a ocorrência de vazamentos e a formação de depósitos no interior das tubulações;

- impedir que os gases provenientes do interior do sistema predial de esgoto sanitário atinjam áreas de utilização;

- impossibilitar o acesso de corpos estranhos ao interior do sistema;

- permitir que seus componentes sejam facilmente inspecionáveis;

- impossibilitar o acesso de esgoto ao subsistema de ventilação;

- permitir a fixação dos aparelhos sanitários somente por dispositivos que facilitem sua remoção para eventuais manutenções.

De acordo com a NBR 15575:2013 Edificações habitacionais - Desempenho - Parte 6: Requisitos para os sistemas hidrossanitários, o nível para aceitação de desempenho das instalações é o atendimento do projeto ao disposto nas normas: NBR 8160:1999 - Sistemas prediais de esgoto sanitário - Projeto e execução; NBR 7229:1997 - Projeto, construção e operação de sistemas de tanques sépticos e NBR 13969:1997 - Tanques sépticos - Unidades de tratamento complementar e disposição final dos efluentes líquidos - Projeto, construção e operação.

A seguir, apresentam-se as principais patologias das instalações de esgoto, que normalmente ocorrem em virtude da não obediência à NBR 8160:1999, erros de projeto e ausência de mão de obra especializada.

MAU CHEIRO PROVENIENTE DAS INSTALAÇÕES DE ESGOTO

O mau cheiro e a pressão negativa (vácuo) são alguns dos principais problemas em redes de esgoto, sendo a principal reclamação dos clientes. Um dos fatores que causam o mau cheiro nos ralos dos banheiros e da área de serviço é o retorno de gases provenientes do esgoto através do encanamento. Os gases devem ser contidos nas próprias tubulações ou devem ser lançados na atmosfera, através das tubulações de ventilação. Toda instalação de esgoto têm que ser ventilada para o escoamento dos gases para a atmosfera, a falta desse complemento pode causar mau cheiro nos ambientes da residência (banheiro, cozinha e área de serviço).

O mau cheiro nesses locais pode ter diversas causas: ausência ou desconector (sifão) inadequado; rompimento de desconector, ausência de plug no sifão da caixa sifonada, ausência ou vedação inadequada da saída da bacia sanitária; ausência ou ventilação incorreta das instalações de esgoto, em desconformidade com NBR 8160:1999; caixas de passagem e de gordura com sistema ineficiente de vedação da tampa.

AUSÊNCIA OU DESCONECTOR INADEQUADO

Desconector é um dispositivo dotado de fecho hídrico, destinado a vedar a passagem de gases no sentido oposto ao deslocamento do esgoto. Nas instalações prediais de esgoto, existem dois tipos básicos de desconetor: o sifão e a caixa sifonada. Os desconectores podem atender a um aparelho somente ou a um conjunto de aparelhos de uma mesma unidade autônoma, como, por exemplo, a caixa sifonada.

De acordo com a NBR 8160:1999, todos os aparelhos sanitários devem ser protegidos por desconectores. Todo desconector deve ter fecho hídrico, com altura mínima de 50 mm, e apresentar orifício de saída, com diâmetro igual ou superior ao do ramal de descarga a ele conectado. Segundo a norma, deve ser assegurada a manutenção do fecho hídrico mediante as solicitações impostas pelo ambiente (evaporação, tiragem térmica, ação do vento, variações de pressão) e pelo uso propriamente dito (sucção e sobrepressão).

Quando o desconector (ralos ou sifão) apresenta mau cheiro é importante verificar se ele está com água ou se não está entupido. No caso dos sifões deve-se verificar se o sifão faz uma curva, o famoso "S", pois assim ele estará com água, o que impede o retorno do mau cheiro.

As causas mais prováveis para rompimento de desconectores é o rompimento de fecho hídrico de sifão ou de caixa sifonada por evaporação, autossifonagem ou sifonagem induzida; ralo sifonado sem o plugue para inspeção; saída de bacia sanitária sem anel de vedação (massa de vedação na ligação bacia sanitária-tubo de espera de esgoto) e bacia sanitária com rejuntamento deteriorado.

É muito comum ocorrer o mau cheiro em ambientes quando o fecho hídrico de um desconector atingir altura inferior a 50 mm. Se isso ocorrer, o desconector deve ser substituído, exceto no caso de perda do fecho hídrico por evaporação, cuja reposição pode ser feita abrindo a torneira da pia ou lavatório até que este se complete.

Sifão

O sifão é um desconector destinado a receber efluentes da instalação de esgoto sanitário. Esse dispositivo contém uma camada líquida (altura mínima de 5 cm) chamada "fecho hídrico", destinada a vedar a passagem dos gases contidos nos esgotos. Portanto, na compra de sifões, deve-se estar atento a essa exigência da norma.

A vantagem do sifão de modelo mais antigo é que ele não permite uma instalação malfeita sem que se note isso com facilidade, pois assim que abrir a torneira do lavatório (pia), o vazamento será notado imediatamente. Mas com o sifão sanfonado isso não acontece, ele pode ser instalado de forma inadequada e o vazamento não ser aparente no momento da instalação, apenas dando sinais de que algo está errado quando o ralo da pia começar a exalar odor de esgoto. Isso acontece com frequência nas instalações.

Porém, o maior problema de não fazer a instalação adequada do sifão é que além do odor, podem ocorrer entupimentos na tubulação que está dentro da parede e não somente no sifão, o que dará muito mais trabalho para resolver o problema.

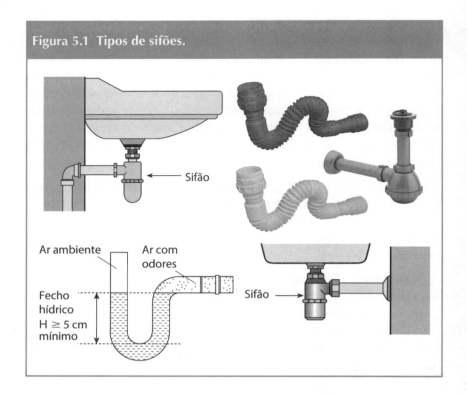

Figura 5.1 Tipos de sifões.

Caixa sifonada

A caixa sifonada é uma caixa de forma cilíndrica provida de desconector, destinada a receber efluentes de conjuntos de aparelhos como lavatórios, bidés, banheiras e chuveiros de uma mesma unidade autônoma, assim como as águas provenientes de lavagem de pisos – nesse caso, devem ser providas de grelha. Sua tampa deve ser facilmente removível para facilitar a manutenção, mesmo a tampa dos ralos cegos.

A vedação hídrica evita que odores e insetos provenientes dos ramais de esgoto penetrem pelas aberturas dos ralos. Se ocorrer mau cheiro na caixa sifonada, deve-se verificar a ausência de desconector ou o fecho hídrico é menor que 50 mm. Outra causa de mau cheiro na caixa sifonada pode ser a ausência de plug no sifão da caixa sifonada. Neste caso, basta instalar o plug no sifão da caixa sifonada.

A caixa sifonada é fabricada em PVC e ferro fundido, com diâmetros de 100 mm, 125 mm e 150 mm. Possui de uma a sete entradas de esgoto para tubulações com diâmetro de 40 mm e tem apenas uma opção de saída, com diâmetros de 50 mm e 75 mm.

Deve ter sua localização adequada para receber os ramais de descarga e encaminhar a água servida para o ramal de esgoto. A posição ideal para sua localização é aquela que atenda à estética e à hidráulica.

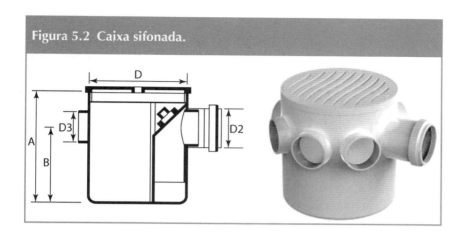

Figura 5.2 Caixa sifonada.

AUSÊNCIA OU VEDAÇÃO INADEQUADA DA SAÍDA DO VASO SANITÁRIO

Quando ocorre mau cheiro no vaso sanitário, as causas mais prováveis são ausência ou vedação inadequada da saída do vaso sanitário, ou rejunte deteriorado. Nesse caso, deve ser verificado se a junta entre a saída da bacia sanitária com a tubulação de esgoto esta incorreta. Se for confirmado a incorreção, deve ser instalado vedação para saída de bacia sanitária ou anel de vedação.

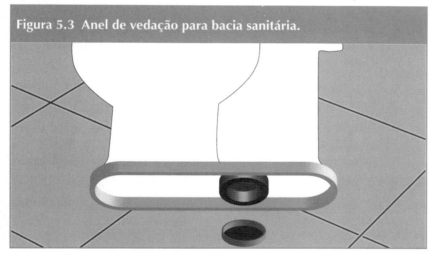

Figura 5.3 Anel de vedação para bacia sanitária.

SISTEMA INEFICIENTE DE VEDAÇÃO DE CAIXAS DE INSPEÇÃO E DE GORDURA

Se as caixas de inspeção (gordura) estiverem apresentando mau cheiro, provavelmente, devem estar com sistema ineficiente de vedação das tampas. As caixas de inspeção (gordura) mais tradicionais de alvenaria ou concreto, com o passar do tempo costumam apresentar esse problema, pois é muito comum a ocorrência de trincas ou quebras em suas tampas de concreto. A solução nesse caso é substituir as principais caixas de passagem (inspeção) e de gordura pelas modernas caixas múltiplas. A seguir, apresentam-se algumas características dessas caixas tradicionais e da caixa múltipla.

Caixa de inspeção

É a caixa destinada a permitir a inspeção, limpeza e desobstrução das tubulações de esgoto. Pode ser de concreto, alvenaria ou plástico. Quanto à forma, pode ser prismática, de base quadrada ou retangular, de lado interno mínimo de 60 cm, ou cilíndrica, com diâmetro mínimo de 60 cm.

A profundidade máxima dessa caixa deve ser de 1 m. A tampa deve ficar visível e nivelada ao piso e ter vedação perfeita, impedindo a saída de gases e insetos de seu interior.

De acordo com a NBR 8160:1999, a instalação de caixas de inspeção deve obedecer alguns critérios:

- Deve ser instalada em junções de tubulações enterradas, mudanças de direção, diâmetro e declividade dos subcoletores de esgoto;
- Os comprimentos dos trechos dos ramais de descarga e de esgoto de bacias sanitárias, caixas de gordura e caixas sifonadas, medidos entre os mesmos e os dispositivos de inspeção, não devem ser superiores a 10 m;
- A distância entre dois dispositivos de inspeção não deve ser superior a 25 m;
- Em prédios com vários pavimentos, as caixas de inspeção não devem ser instaladas a menos de 2 m de distância dos tubos de queda que contribuem para elas.

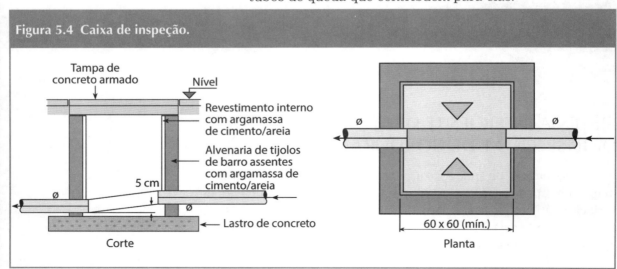

Figura 5.4 Caixa de inspeção.

Caixa de gordura

É a caixa destinada a reter, em sua parte superior, as gorduras, graxas e óleos contidos no esgoto, formando camadas que devem ser removidas periodicamente, evitando, dessa maneira, que esses componentes escoem livremente pela rede de esgoto e gerem obstrução.

Nas instalações residenciais, é usada para receber esgotos que contêm resíduos gordurosos provenientes de pias de copa e cozinha. Sua utilização é exigida em alguns códigos sanitários estaduais e posturas municipais. Quando o uso da caixa de gordura não for exigido pela autoridade pública competente, sua adoção ficará a critério do projetista. No uso corporativo (hospitais, restaurantes, indústrias), a sua obrigatoriedade abrange todo o território nacional.

As caixas de gordura pré-fabricadas ou pré-moldadas podem ser construídas em concreto armado, argamassa armada, plástico ABS, fibra de vidro, cerâmica, placas de PVC, polietileno, polipropileno ou outro material comprovadamente resistente à corrosão provocada pelos esgotos.

As caixas de gordura pré-moldadas em concreto apresentam o inconveniente de não se adaptarem aos tubos em PVC, provocando trincas com o passar do tempo e posteriores infiltrações. Já as fabricadas em plásticos (ABS, PVC) ou mesmo em fibra e vidro, permitem a conexão de anel de PVC flexível.

Em edifícios com pavimentos sobrepostos, os ramais de pias de cozinha devem ser ligados em tubos de queda independentes (tubos de gordura), que conduzirão os efluentes para uma caixa de gordura coletiva, localizada no pavimento térreo. Nesses casos, não é permitido o uso de caixas individuais em cada pavimento.

A limpeza da caixa de gordura deve ser feita semanalmente, lançando-se os resíduos, devidamente ensacados, no lixo.

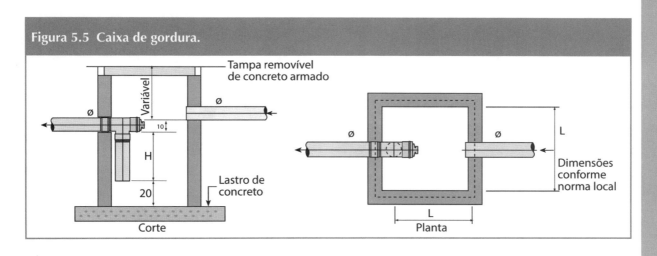

Figura 5.5 Caixa de gordura.

Caixa múltipla

É uma caixa de plástico desenvolvida pela Tigre, que pode ser utilizada como caixa de gordura, de inspeção e de águas pluviais. De acordo com o fabricante, o produto consiste de *kits* com componentes intercambiáveis, que, em função da necessidade da instalação, podem ser montados para uso de qualquer uma das três versões. As caixas já vêm pré-montadas, bastando completar com tampa ou grelha e com prolongadores, se necessário. Para a montagem, basta encaixar as peças por meio das juntas elásticas.

A caixa múltipla apresenta algumas vantagens em relação às tradicionais de concreto e alvenaria: pelo fato de ser fabricada em PVC, não sofre ataque químico do esgoto sanitário; é facilmente adaptável em qualquer tipo de terreno; possui um isolamento que impede a passagem de odores; fácil acabamento com o piso, pois o formato quadrado das tampas facilita o acabamento para qualquer tipo de piso (cimentado, cerâmico, pavimentado); permite ligação em desnível (através de prolongadores podem ser criadas entradas em alturas diferentes das demais ligações); profundidade ajustável (de 1 cm em 1 cm, através dos prolongadores sem entrada); é fácil transportar em função da leveza do material; fácil de limpar (a superfície lisa não gera incrustação de gordura e impurezas). Além dessas vantagens, as juntas elásticas previnem contra vazamentos de esgoto para o solo (que podem poluir os lençóis de água e fazer o solo ceder) e garantem que a água do solo não entre na caixa, como acontece em regiões com nível do lençol de água muito elevado – litoral, por exemplo.

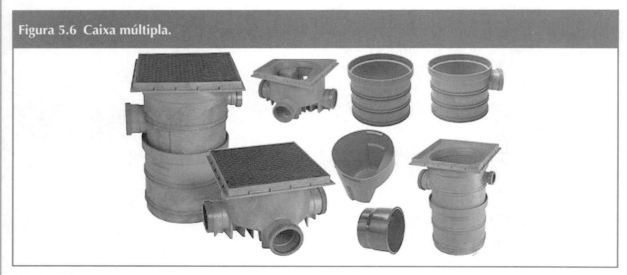

Figura 5.6 Caixa múltipla.

Fonte: Tigre.

AUSÊNCIA OU VENTILAÇÃO INADEQUADA DO SISTEMA DE ESGOTO

A principal função da ventilação no sistema de esgoto é permitir o escoamento de ar da atmosfera para o interior das instalações de esgoto e vice versa, com a finalidade de protegê-las contra possíveis rupturas do fecho hídrico dos desconectores. A falta desse complemento pode causar mau cheiro nos ambientes da residencia (apartamento) tais como banheiros, cozinha, áreas de serviço etc.). A função do sistema de ventilação é manter a pressão positiva, ou seja, permitir a entrada do ar externo. Isto é fundamental para que não ocorra pressão negativa (vácuo), cujo fenômeno pode provocar a sucção (eliminação) da água contida nos sifões responsáveis por impedir a passagem dos gases mau cheirosos para dentro do ambiente sanitário.

De acordo com a NBR 8160:1999, a extremidade aberta de um tubo ventilador primário ou coluna de ventilação deve situar-se a uma altura mínima igual a 2 m acima de terraço, no caso de laje utilizada para outros fins além da cobertura; caso contrário, esta altura deve sr no mínimo igual a 0,30 m (ver Figura 5.8). Com relação ao projeto arquitetônico, não deve estar situada a menos de 4 m de qualquer janela, porta ou vão de ventilação, salvo se elevada pelo menos 1 m das vergas dos respectivos vãos.

O tubo ventilador e a coluna de ventilação devem ser verticais e, sempre que possível, instalados em uma única prumada. Devem ter diâmetros uniformes, sendo que, em casas, normalmente, adota--se como diâmetro o valor de 50 mm e, em edifícios com mais de dois pavimentos, o mínimo de 75 mm. Para o dimensionamento das colunas de ventilação, devem ser consultadas tabelas apropriadas, conforme recomendações da NBR 8160:1999.

Para impedir a entrada de folhas, água de chuva e outros tipos de obstrução na coluna de ventilação, a TIGRE oferece os "Terminais de Ventilação," fabricados nos diâmetros de 50, 75 e 100 mm. Esses dispositivos dispensam a colocação de cotovelos com telas de proteção nas extremidades das colunas de ventilação.

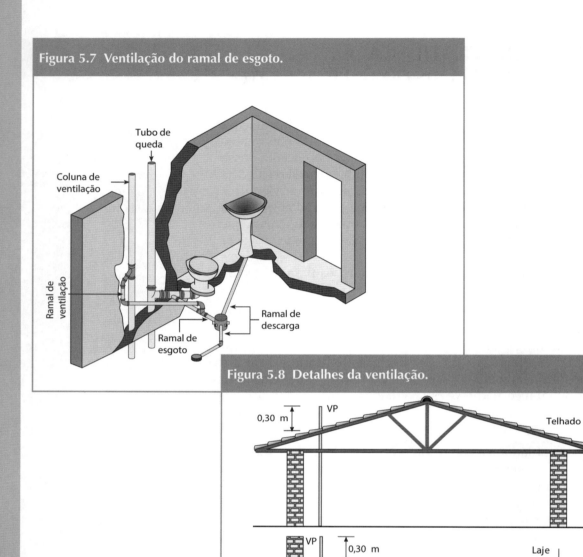

Figura 5.7 Ventilação do ramal de esgoto.

Figura 5.8 Detalhes da ventilação.

Ventilação primária e secundária

O subsistema de ventilação de esgoto sanitário predial é composto por duas formas de ventilação: a primária e a secundária. De acordo com a NBR 8160:1999 – Sistemas prediais de esgoto sanitário, a ventilação secundária consiste, basicamente, em ramais e colunas de ventilação que interligam os ramais de descarga ou de esgoto à ventilação primária ou que são prolongados acima da cobertura. A ventilação primária é proporcionada pelo ar que escoa pelo núcleo do tubo de queda, o qual é prolongado até atmosfera, constituindo a tubulação de ventilação primária.

É importante lembrar que o projeto desse subsistema deve ser feito de modo a impedir o acesso de esgoto sanitário ao interior do mesmo.

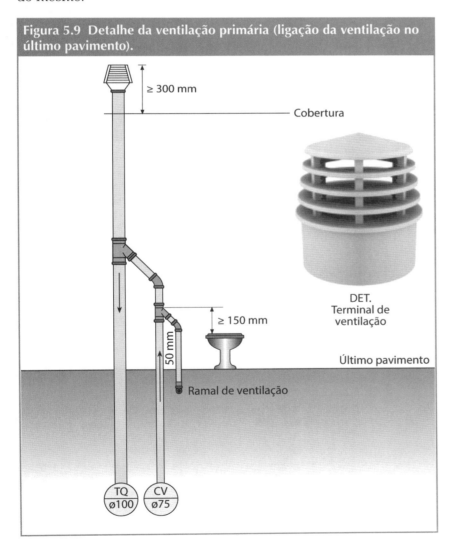

Figura 5.9 Detalhe da ventilação primária (ligação da ventilação no último pavimento).

Válvula de admissão de ar (VAA)

A válvula de admissão de ar (VAA) surgiu em 1970 na Suécia; em 1986 entrou nos EUA, somente em 1999 foi introduzida na norma brasileira NBR 8160:1999 (item 4.3.4).

A válvula de admissão de ar (VAA) tem como função permitir a entrada de ar na tubulação de ventilação do esgoto, substituindo as colunas e ramais de ventilação secundária.

Com a utilização da VAA é possível equalizar a pressão interna do sistema de esgoto, com a finalidade de preservar os fechos hídricos do sistema sanitário. A válvula deve ser instalada verticalmente, 10 cm acima do fecho hídrico mais alto do ramal da tubulação, em lugares que possuem ventilação, como interior de shafts, forros e sancas, gabinetes embutidos na alvenaria ou de forma aparente (respeitando a ventilação renovável mínima de 20 cm²).

Para instalações em que são utilizadas apenas caixas sifonadas, a altura mínima deverá ser de 35 cm acima do nível do piso.

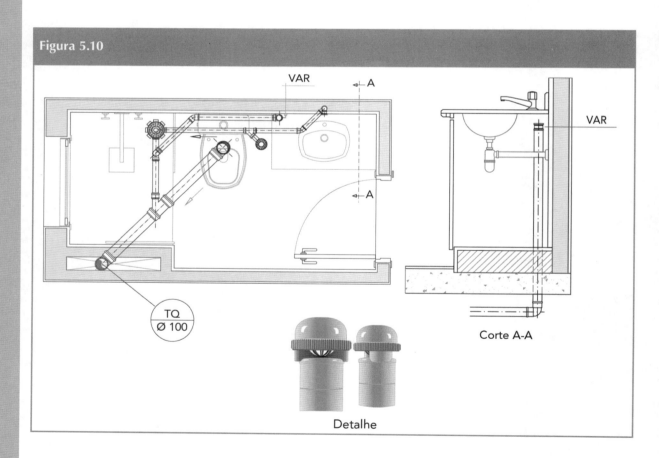

Figura 5.10

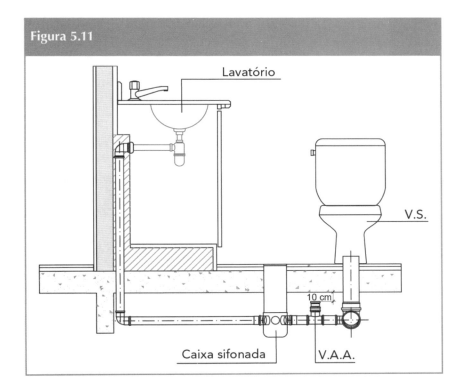

Figura 5.11

ACESSO DE ESGOTO NO SISTEMA DE VENTILAÇÃO

O ramal de ventilação é o trecho da instalação que interliga o desconector, ou ramal de descarga, ou ramal de esgoto, de um ou mais aparelhos sanitários a uma coluna de ventilação ou a um tubo ventilador primário.

A ligação do ramal de ventilação a uma coluna de ventilação (tubo ventilador primário) deve ser feita de modo a impedir o acesso de esgoto sanitário ao interior dele. Dessa maneira, toda tubulação de ventilação deve ser instalada com aclive mínimo de 1%, de modo que qualquer líquido que porventura nela venha a ingressar possa escoar totalmente, por gravidade, para dentro do ramal de descarga ou de esgoto em que o ventilador tenha origem. O ramal deve ser ligado a coluna de ventilação 15 cm, ou mais, acima do nível de transbordamento da água do mais alto dos aparelhos sanitários (referente aos aparelhos sanitários com seus desconectores ligados à tubulação de esgoto primário, como bacias sanitárias, pias de cozinha, tanques de lavar, máquinas de lavar etc.), excluindo-se os que despejam em ralos ou caixas sifonadas de piso.

A distância entre o ponto de inserção do ramal de ventilação ao tubo de esgoto e a conexão de mudança do trecho horizontal para a vertical deve ser a mais curta possível, sendo que, entre a saída do aparelho sanitário e a inserção do ramal de ventilação, a distância deve ser igual a, no mínimo, duas vezes o diâmetro do ramal de descarga.

A ausência da alça de ventilação é o maior problema existente nas instalações de esgotamento sanitário: poucos instaladores colocam o ramal de ventilação do esgoto em seu ponto correto e fazem a alça de ventilação com uma altura adequada.

Tabela 5.1 Distância máxima de um desconector ao tubo do ventilador (NBR 8160:1999)

DN ramal de descarga	Distância máxima (m)
40	1,0
50	1,2
75	1,8
100	2,4

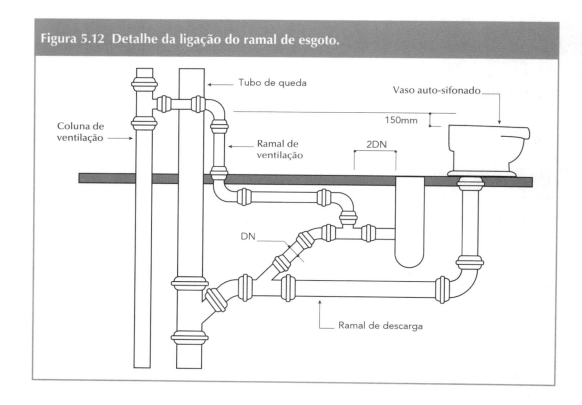

Figura 5.12 Detalhe da ligação do ramal de esgoto.

VAZAMENTOS EM TUBULAÇÕES DE ESGOTO[*]

Os vazamentos em tubulações aparentes podem ser detectados pela presença de água na mesma, porém quando a tubulação é embutida em forros ou paredes o vazamento é detectado pela presença de manchas de umidade, manchas de bolor ou bolhas de ar levantando a pintura. Já no caso de tubulações enterradas é um pouco mais difícil a detecção, mas podem ser verificados em manchas de umidade ascendente nas paredes, afundamento parcial de pisos e (ou) manchas de umidade próximas ao local do vazamento.

Os vazamentos em tubulações de esgoto sanitário podem ser originados por falha na ligação do aparelho sanitário com a tubulação do piso ou parede (movimento da tubulação ou ação de desentupimento através de produtos químicos que ressecam os anéis de vedação das conexões provocados por varetas metálicas, em tentativas de desobstrução) e por deformação e trinca no tubo (devido ao processo de desentupimento incompatível com o material da tubulação, água fervente em tubulação de PVC).

Para resolver os problemas que ocorrem em pontos localizados nos tubos de esgoto em instalações já concluídas, em consequencia de alguns acidentes ou vazamentos em juntas mal executadas, utiliza-se Luva de Correr e um sistema de acoplamento que permite a interligação entre dois pontos fixos.

De acordo com a NBR 15575-6:2013 - Edificações habitacionais — Desempenho, Parte 6: Requisitos para os sistemas hidrossanitários (item 10.1.3),, as tubulações dos sistemas prediais de esgoto sanitário e de águas pluviais não podem apresentar vazamento quando submetidas à pressão estática de 60 kPa (6 m.c.a.), durante 15 minutos se o ensaio for feito com água, ou 35 kPa, durante o mesmo período de tempo, caso o ensaio seja feito com ar.

As tubulações devem ser ensaiadas conforme as prescrições constantes no Anexo G (normativo) da NBR 8160:1999 - Sistemas prediais de esgoto sanitário - Projeto e execução e NBR 10844:1989 - Instalações prediais de águas pluviais.

VAZAMENTOS EM APARELHOS SANITÁRIOS

Normalmente esses vazamentos são percebidos pela presença de umidade na ligação válvula/sifão ou válvula/aparelho, devido a falta de estanqueidade nessas ligações. As causas mais prováveis desses vazamentos são: deterioração (ressecamento, trinca) ou ausência do vedante; falha na rosca da válvula ou do sifão.

[*] Fonte: GONÇALVES, Orestes Marraccini. In: PRADO, Racine Tadeu de Araújo (org.). *Execução e manutenção de sistemas hidráulicos prediais*. São Paulo, Pini, 2000.

VAZAMENTOS EM RALOS

É muito comum ocorrer vazamentos e infiltração de água na ligação da caixa sifonada/piso e ralo seco/pisos, o qual se manifesta através de manchas de umidade no forro rebaixado (gesso) abaixo do piso em que estes componentes estão instalados. Quando a tubulação é aparente o vazamento é visível e se manifesta através de gotejamento ou escoamento de água. Quando o ralo está instalado ao nível do solo, pode se detectar o vazamento por meio de manchas de umidade no piso ou de umidade ascendente em paredes.

Às vezes, não é tão fácil descobrir o problema, pelo fato de o vazamento ocorrer sempre na ligação ralo/piso, quando esse coleta a água efluente do lavatório, chuveiro ou proveniente da limpeza do piso, mas nem sempre se manifesta nesse local. Acontece que, muitas vezes, a água escoa através da tubulação ligada ao ralo, levando o vazamento para outro local distante dele, o que dificulta a detecção.

As causas mais prováveis desses vazamentos são: o rejuntamento entre o piso e o ralo danificado ou falha na ligação ralo/tubo.

Para resolver problemas de infiltração de água entre o rejunte do piso e a parede externa do tubo prolongador da caixa sifonada a, Tigre apresenta no mercado o ralo anti-infiltração.[*] Esses ralos são fabricados nas bitolas: DN 100 e DN 150.

A grande vantagem desse tipo de ralo é coletar a água de uma provável infiltração entre o piso e o corpo da caixa sifonada, conduzindo a água para o seu interior. Desta forma, impede-se que a infiltração percole para a parte inferior da laje ou do terreno. Além disso, o ralo anti-infiltração, apresenta outros benefícios tais como:

- fácil instalação: as ranhuras na parte inferior facilitam a fixação e impedem a formação de bolhas de ar na argamassa de assentamento;
- compatível com todos os sistemas de impermeabilização do mercado;
- possui limitadores e área recartilhada para fixação da manta impedindo sua má instalação.

O ralo anti-infiltração é aplicado juntamente com os sistemas de impermeabilização (com manta impermeabilizante ou outros impermeabilizantes) em contrapisos de banheiro, lavabos, varandas, terraços, garagens, e áreas de serviço, em obras verticais e horizontais.

---

* Fonte: Manual Técnico Tigre.

Figura 5.13 Ralo anti-infiltração.

VAZAMENTOS EM PÉ DE COLUNA DE PVC

Apesar de sua grande resistência, o PVC instalado em tubulações de esgoto pode sofrer danos causados por esforços internos (por exemplo, impacto de objetos em pés de coluna) ou esforços (impactos) externos, quando instalados de forma aparente. Além disso, um projeto mal executado (por exemplo, ausência ou deficiência de ventilação) pode provocar o rompimento da tubulação pela formação de pressões negativas internas. Nesses casos, a Série Reforçada é a mais indicada, já que possui maior espessura de parede e, consequentemente, maior resistência nessas condições. Em comparação com a linha de ferro fundido ("F°F°"), a Série Reforçada, por ser em PVC, é mais fácil de ser aplicada, é mais barata e suporta todas as exigências normativas para instalações prediais, sendo uma opção mais adequada aos projetos modernos.

Para resistir aos eventuais golpes dos sólidos que são escoados pelo tubo de queda e que caem neste ponto com grande impacto, a Tigre apresenta uma conexão com maior espessura de parede que as curvas tradicionais, portanto, mais resistentes, e com ângulo de 87° 30'.

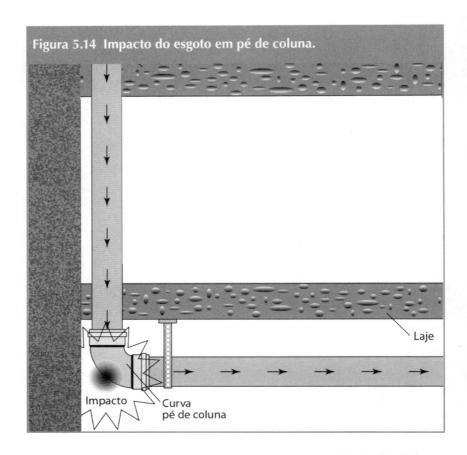

Figura 5.14 Impacto do esgoto em pé de coluna.

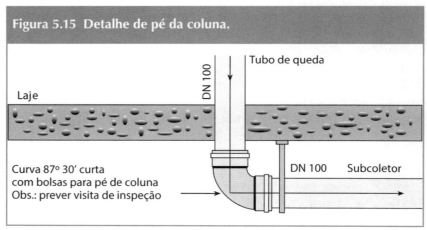

Figura 5.15 Detalhe de pé da coluna.

ENTUPIMENTO EM RAMAIS DE ESGOTO

As causas principais de entupimentos em ramais de esgoto de prédios e residências é a falta de informação e conscientização dos moradores (usuários do sistema). Uma grande parcela da população brasileira, infelizmente, não sabe o que ocasiona os entupimentos, justamente por isso acabam tendo problemas.

Os entupimentos normalmente ocorrem na cozinha, banheiro ou lavanderia. Podem ocorrer também nos subcoletores de esgoto por acúmulo de materiais sólidos (inorgânicos) ou ausência de declividade.

Os entupimentos têm diversas origens, por essa razão, recomenda-se métodos diferentes para solucioná-los. Praticamente todos os métodos de desentupimento funcionam, porém quando aplicados aos casos em que realmente são indicados.

A seguir apresentam-se os principais motivos de entupimento e também algumas dicas de como solucionar esses problemas.

ENTUPIMENTO NA COZINHA

Na cozinha o principal problema são os restos de comida jogados na pia e excesso de gordura nas tubulações, isso acaba restringindo a passagem da água. Em alguns casos, essa restrição é completa, ou seja, impede totalmente a passagem da água pelo cano.

A melhor forma de evitar que a pia da cozinha fique entupida é fazer uma pequena limpeza nas louças e panelas antes de lavar, ou seja, jogar a parte "grossa" da sujeira no lixo.

Se ocorrer o entupimento uma primeira tentativa é fazer o seguinte procedimento: cobrir a saída de excesso de água da cuba com pano molhado. Encher a pia com água suficiente para cobrir a parte de borracha do desentupidor. Passar uma camada de vaselina no bocal de desentupidor (para maior aderência). Deslizar o desentupidor até a abertura do ralo e faça movimentos rápidos para cima e para baixo. Se a água sobe e desce pelo ralo é porque o procedimento está sendo feito corretamente. É essa pressão de água para frente e para trás que pode eventualmente criar a força para deslocar o que estiver bloqueando o encanamento. Após repetir o movimento várias vezes e com bastante força, o desentupidor deve ser retirado rapidamente. Provavelmente, a água irá escorrer pelo ralo. Mas, se não funcionar, repita a operação mais umas duas ou três vezes antes de tentar outro método. Se a prevenção não funcionar e ainda assim a pia da cozinha entupir, uma alternativa para solucionar o problema será utilizar métodos químicos para desentupir, tais como soda cáustica. No entanto, para encanamentos completamente bloqueados, é melhor não usar esses produtos, já que eles contêm agentes cáusticos que podem danificar algumas peças. Em vez deles, podem também ser utilizados os meios mecânicos para desentupir as tubulações tais como arames, mangueiras, máquinas para desentupir etc.

Também é importante esclarecer que o método químico é eficaz apenas se a origem do entupimento for orgânica, ou seja, gordura, cabelos etc. Para casos em que algum objeto tenha caído no encanamento, somente uma empresa especializada poderá desentupir a tubulação.

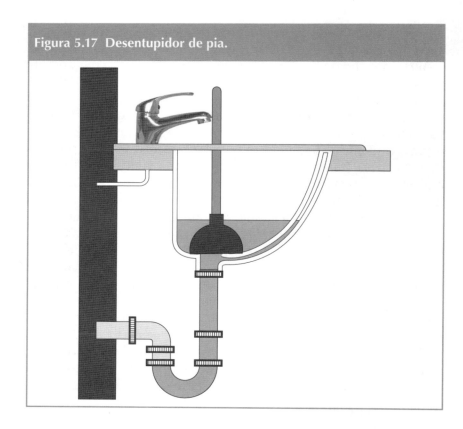

Figura 5.16 Válvula na cuba da pia para evitar a entrada de sólidos na tubulação de esgoto.

Figura 5.17 Desentupidor de pia.

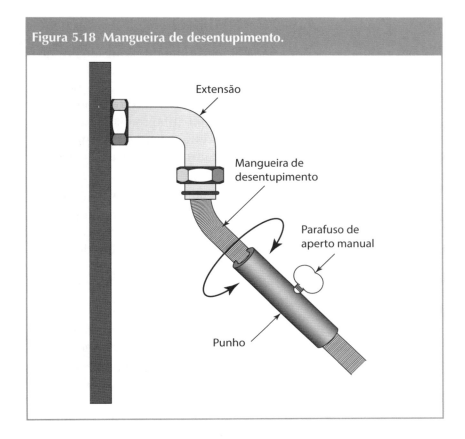

Figura 5.18 Mangueira de desentupimento.

ENTUPIMENTO NA ÁREA DE SERVIÇO (LAVANDERIA)

Os entupimentos que costumam ocorrer na área de serviço (lavanderia) normalmente são causados por pequenos objetos e fiapos de roupa que acabam indo para dentro das tubulações. Como geralmente este tipo de entupimento é acidental, não há muito como prevenir, pois acontecem independentemente de qualquer prevenção.

Sendo materiais não orgânicos, o melhor meio para desentupir é através de meios físicos como arame ou mangueira, assim forçando a passagem da água pela tubulação.

Outro problema é a espuma de sabão, que é como graxa. Embora seja líquido, pode facilmente solidificar e entupir o ralo. Há poucas soluções preventivas, porque é praticamente impossível não usar sabão em áreas de serviço e lavanderias. Nesse caso, pode-se removê-lo com limpador de esgoto.

ENTUPIMENTO NO BANHEIRO

No banheiro podem ocorrer entupimentos em três pontos distintos (ramal de esgoto da bacia sanitária, ramal do lavatório e ramal do ralo do chuveiro). Esses entupimentos ainda possuem causas diferentes. Entre os principais fatores que contribuem para o entupimento de lavatório e ralos em banheiro estão os cabelos (principalmente fios compridos), gordura corporal (que gruda nos cabelos) e, para quem mora em cidades litorâneas, a areia da praia.

O entupimento dos ramais de descarga e de esgoto também pode ocorrer por ausência de declividade. A NBR 8160:1999 recomenda que, para tubos com diâmetros iguais ou menores que 75 mm, a declividade deve ser de no mínimo 2% e para diâmetros maiores ou iguais a 100 mm a declividade mínima será de 1%.

Entupimento da bacia sanitária

O entupimento do ramal da bacia sanitária normalmente acontece por falta de educação e conscientização de quem usa o aparelho, pois é muito comum o usuário achar que lixo e esgoto são a mesma coisa. Por essa razão, jogam todo tipo de lixo na bacia sanitária e o que é pior: ainda desperdiçam 6 litros de água para dar descarga. Dependendo do sistema de descarga utilizado na edificação como, por exemplo, válvulas, às vezes, gastam-se até mais de 30 litros.

Não há muito que fazer para evitar que seja jogado papel higiênico na bacia sanitária, bem como outro material como fraldas ou absorventes.

No caso de entupimento do ramal da bacia sanitária existem muitas formas de solucionar o problema, até mesmo com uma bola de praia. Para isso, basta posicionar a bola (que deve possuir um diâmetro suficiente para tampar a bacia) sobre a bacia sanitária e dar descarga enquanto segura firmemente a bola, assim não permitindo que o ar saia de dentro da bacia sanitária. Após dar a descarga completa, a bacia sanitária estará desentupida.

Isso pode ser explicado pelas leis da "física". O desentupimento acontece porque temos uma bacia sanitária entupida, cheia de ar. Adicionamos a água de descarga sem permitir que o ar saia, e isso exerce pressão sobre o que entupiu o vaso sanitário!

Em alguns casos, esse procedimento poderá não solucionar o problema na primeira descarga, porém é recomendável tentar mais algumas vezes. Se ainda assim o entupimento persistir deve-se tentar outra alternativa utilizando produtos químicos, como soda cáustica ou diabo verde.

Entupimento do lavatório e ralo do Box

Nestes dois ramais o que mais causa entupimentos é o cabelo (como já foi dito, um dos problemas mais comuns de entupimento em banheiros). Os cabelos são muito difíceis de quebrar e certamente não se dissolve na água. Se ele se acumula em maior quantidade também pode agregar outros tipos de materiais presentes no esgoto e causar uma obstrução nas tubulações.

Neste caso, a prevenção também é importante, para prevenir, basta fazer limpezas periódicas em ambos os pontos, caso entupir um dos dois, vale a pena tentar os métodos químicos, pois ainda que não dissolvam os fios de cabelo, certamente dissolverão a gordura agregada aos fios, que já ajuda bastante.

ENTUPIMENTO EM SUBCOLETORES DE ESGOTO

Subcoletor é a tubulação horizontal que recebe os efluentes de um ou mais tubos de queda ou de ramais de esgoto. Devem ser construídos, sempre que possível, na parte não edificada do terreno. No caso de edifícios com vários pavimentos, normalmente, são fixados sob a laje de cobertura do subsolo, por meio de braçadeiras. Nesses casos, devem ser protegidos e de fácil inspeção.

Entupimentos são frequentes em subcoletores de esgoto. Além das causas já citadas (cabelos, gordura, restos de alimentos, materiais inorgânicos, restos de argamassa e outros materiais de construção que são introduzidos nas tubulações durante a execução da obra), os entupimentos também ocorrem por outros motivos.

ENTUPIMENTO CAUSADO PELO USO INADEQUADO DE CONEXÕES

De acordo com NBR 8160:1999, as mudanças de direção nos trechos horizontais devem ser feitas com peças com ângulo central igual ou inferior a 45°. Portanto, não devem ser utilizadas as seguintes conexões: TE e curva 90. O TE, por exemplo, nunca pode ser instalado na posição horizontal, pois não é uma peça direcional. Ao invés do TE, usa-se junção em Y (45°), que é uma peça direcional.

A utilização inadequada do TE e curva 90 nos trechos horizontais pode contribuir para o entupimento das tubulações. Isto normalmente acontece em mudanças bruscas de direção, sendo que nestas devem ser usados sempre joelhos de 45° com visitas de inspeção, se as tubulações forem aparentes. Caso sejam enterradas, a recomendação é que sejam usadas caixas de inspeção em todas as mudanças de direção, de declividade ou de diâmetro, pois estes pontos são passíveis de entupimentos e com as caixas isto é mais difícil de ocorrer. Além disso, a manutenção das tubulações pode ser feita com maior facilidade.

Figura 5.19 Uso inadequado de conexão TE.

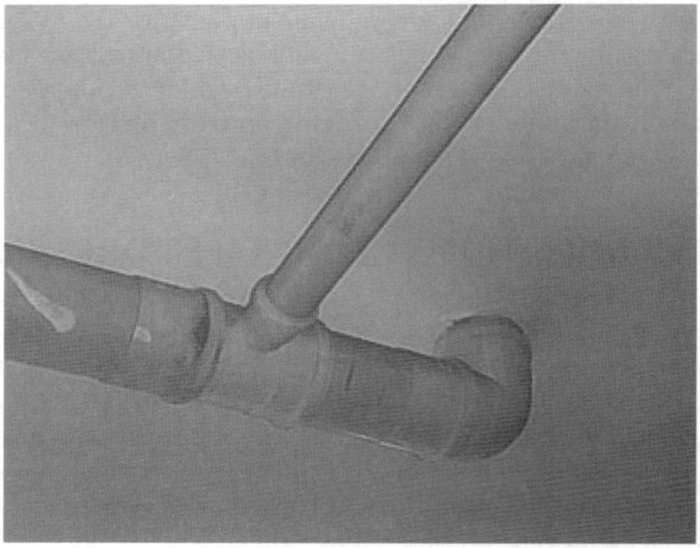

Figura 5.20 Entupimento causado pelo uso inadequado de conexão TE.

| Situação encontrada | Situação corrigida. |

ENTUPIMENTO POR AUSÊNCIA DE DECLIVIDADE

Ao contrário das instalações de água que trabalham sob pressão, o fluxo natural dos esgotos é por gravidade, isto é, os esgotos fluem naturalmente dos pontos mais altos para os pontos mais baixos.

Portanto, os subcoletores precisam de uma declividade mínima para o escoamento do esgoto, evitando, desta forma, o refluxo do fluido e (ou) entupimento da tubulação devido à ausência de declividade.

As declividades mínimas para as tubulações de esgoto são:

- $DN \leq 75 \rightarrow i = 2\%$
- $DN \geq 100 \rightarrow i = 1\%$

Os subcoletores deverão possuir um diâmetro mínimo de 100 mm para uma declividade de 1% (mínima), intercalados por caixas de inspeção ou conexões que possuam dispositivos para tal finalidade.

Figura 5.21 Escoamento livre por gravidade

Figura 5.22 Entupimento em subcoletores de esgoto.

Figura 5.23 Entupimento após execução de piso (ralo cheio de argamassa).

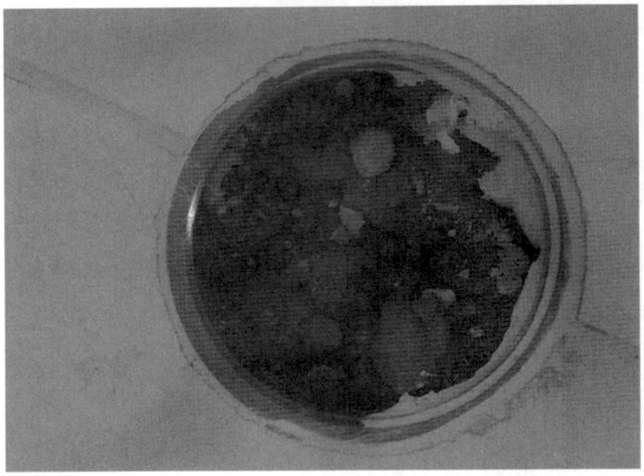

ENTUPIMENTO DE TUBULAÇÕES DE FERRO FUNDIDO

Com o passar do tempo, vão ocorrendo incrustações nas paredes das tubulações, principalmente, aquelas de maior rugosidade (por exemplo, as tubulações de ferro fundido), aumentando ainda mais a rugosidade inicial do tubo, reduzindo a seção do mesmo. O aumento da rugosidade aumenta o atrito do fluido com as paredes aumentando a turbulência e reduzindo a velocidade do escoamento. Como consequência, tem-se a redução da vazão do escoamento do fluído e até a obstrução completa da seção do tubo.

RETORNO DE ESGOTO PELA CAIXA SIFONADA

O retorno de esgoto pela caixa sifonada ocorre pelos seguintes motivos: desalinhamento ou declividade inadequada do subcoletor; entupimento no ramal de esgoto, subcoletor ou no coletor predial de esgoto; ligação clandestina de águas pluviais na rede de esgoto; rede pública coletora de esgoto subdimensionada ou parcialmente entupida trabalhando com seção plena (verificar se está ocorrendo o mesmo problema em casas vizinhas).

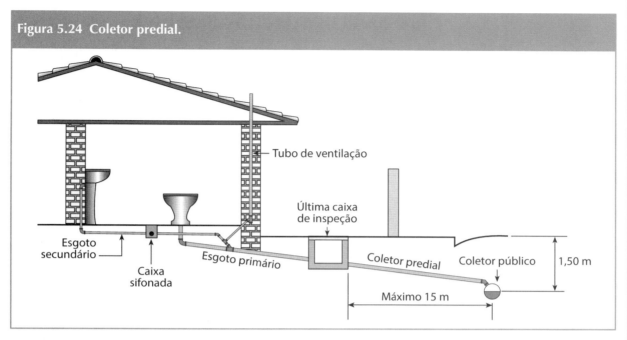

Figura 5.24 Coletor predial.

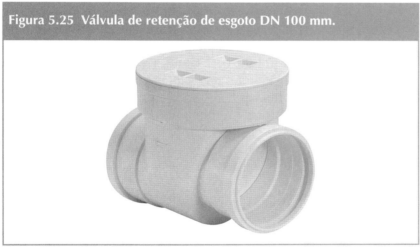

Figura 5.25 Válvula de retenção de esgoto DN 100 mm.

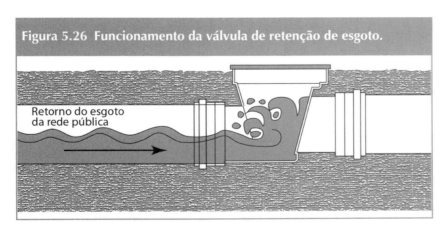

Figura 5.26 Funcionamento da válvula de retenção de esgoto.

DESENTUPIMENTO DE SUBCOLETORES

Para encanamentos completamente bloqueados, é melhor não usar produtos químicos, pois os agentes cáusticos podem danificar algumas peças. No caso de tubulações completamente entupidas, deve-se tentar desentupir o encanamento através de meios mecânicos tais como arames, máquinas para desentupir etc. Existem vários métodos que podem ser utilizados pelas desentupidoras para o desentupimento dos subcoletores:

SISTEMA ROTO-ROOTER

Trata-se de uma técnica simples, barata, rápida e eficiente para desentupir vasos sanitários. Um cabo giratório com garra acoplada em uma extremidade suga a sujeira sem danificar o encanamento e o vaso.

HIDROJATEAMENTO

É um método totalmente automatizado e muito eficiente para desentupimentos, que utiliza uma bomba de alta pressão que libera 200 litros de água por minuto. Bicos rotativos acoplados a bomba ajudam na sucção da sujeira e não são empregados produtos químicos corrosivos e abrasivos como soda cáustica, nitratos e ácidos durante o procedimento. É um método indicado para vasos sanitários, encanamentos da cozinha, banheiro, lavatórios e lavanderia de residências etc.

VÍDEO INSPEÇÃO

É um método moderno, bastante utilizado pelas desentupidoras. Indicado para redes de esgoto e de águas pluviais de residências, comércio e indústrias. Microcâmeras com lentes de cristal de safira e cabos de fibra ótica filmam o interior dos encanamentos. Com a vídeo inspeção os danos são identificados com mais rapidez e precisão e as imagens podem ser transferidas para um DVD e utilizadas em relatórios de inspeção ao término de construções. Quando utilizada em redes de esgoto, a microcâmera e lâmpadas de LED localizam entupimentos, vazamentos, caixas de inspeção escondidas (lacradas) e também redes irregulares de esgoto.

RETORNO DE ESPUMA NAS INSTALAÇÕES DE ESGOTO

RETORNO DE ESPUMA PELO PONTO DE DESPEJO DE ÁGUA SERVIDA

O retorno de espuma pelo ponto de despejo d'água geralmente ocorre quando a ligação do ramal dessas áreas é realizada próxima ao pé da coluna, isto é, na área de maior pressão de impacto, causando um possível retorno da espuma para os andares localizados em cotas mais baixas.

Quando isso acontece, deve-se verificar se a ligação dos ramais de esgoto de máquina de lavar roupa com as colunas estão nas áreas de sobrepressão definidos no item 4.2.4.3 da norma NBR 8160:1999, Figura 1 (zonas de sobrepressão). Uma das formas para solucionar o problema é o desligamento do ramal de esgoto do ralo sifonado do tubo de queda original e ligação em novo tubo de queda, devidamente ventilado, a ser instalado. De acordo com a norma, são considerados zonas de sobrepressão:

- o trecho, de comprimento igual a 40 diâmetros, imediatamente a montante do desvio para horizontal;
- o trecho de comprimento igual a 10 diâmetros, imediatamente a jusante do mesmo desvio;
- o trecho horizontal de comprimento igual a 40 diâmetros, imediatamente a montante do próximo desvio;
- o trecho de comprimento igual a 40 diâmetros, imediatamente a montante da base do tubo de queda, e o trecho do coletor ou subcoletor imediatamente a jusante da mesma base;
- os trechos a montante e a jusante do primeiro desvio na horizontal do coletor com comprimento igual a 40 diâmetros ou subcoletor com comprimento igual a 10 diâmetros;
- o trecho da coluna de ventilação, para o caso de sistemas com ventilação secundária, com comprimento igual a 40 diâmetros, a partir da ligação da base da coluna com o tubo de queda ou ramal de esgoto.

A seguir, apresentam-se algumas soluções para evitar o retorno de espuma nas instalações de esgoto*.

---

* Fonte: GNIPPER, Sérgio. *Soluções para evitar retorno de espuma nas instalações hidráulicas da A.S.* 10 out. 2010. Disponível em: http://consultoriaeanalise.com/2010/10/solucoes-para-evitar-retorno-de-espumanas-instalações-hidráulicas-da.htm>. Acesso em: 28 nov. 2012.

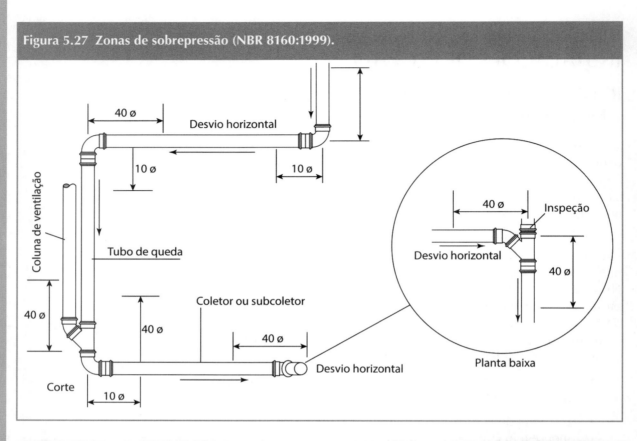

Figura 5.27 Zonas de sobrepressão (NBR 8160:1999).

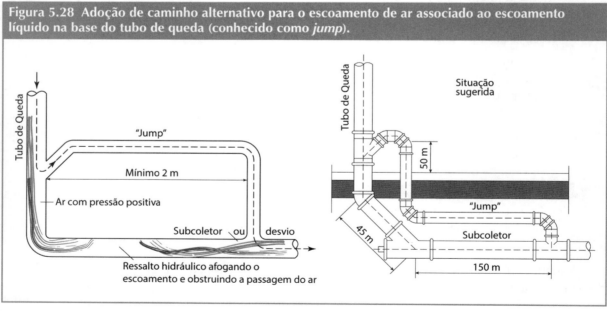

Figura 5.28 Adoção de caminho alternativo para o escoamento de ar associado ao escoamento líquido na base do tubo de queda (conhecido como *jump*).

Figura 5.29 Atenuação da mudança brusca de direção do escoamento líquido.

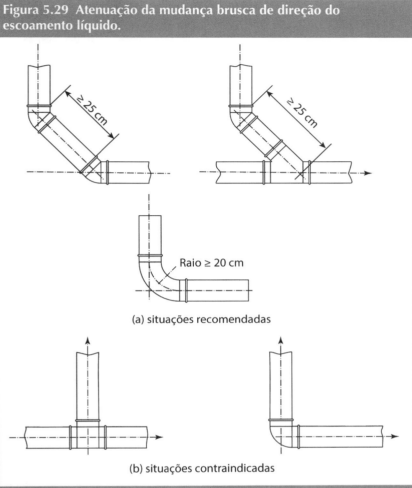

(a) situações recomendadas

(b) situações contraindicadas

Figura 5.30 Aumento da seção do subcoletor subsequente ao tubo de queda que recebe os despejos do ralo sifonado, por onde se dá o retorno de espuma.

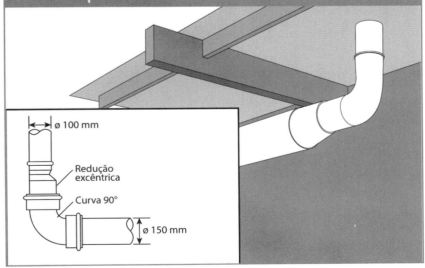

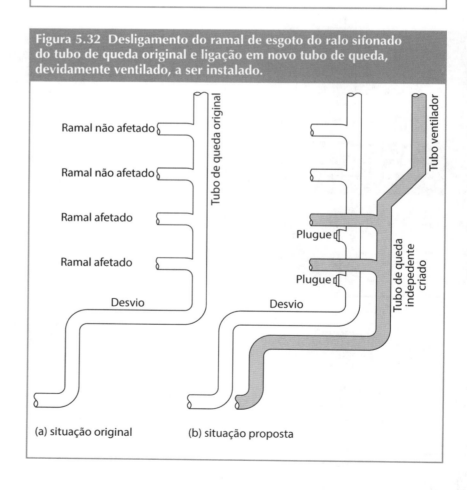

Figura 5.31 Instalação de tubo ventilador de alívio em local adequado na base do tubo de queda sujeito a sobrepressão ou no início do correspondente subcoletor.

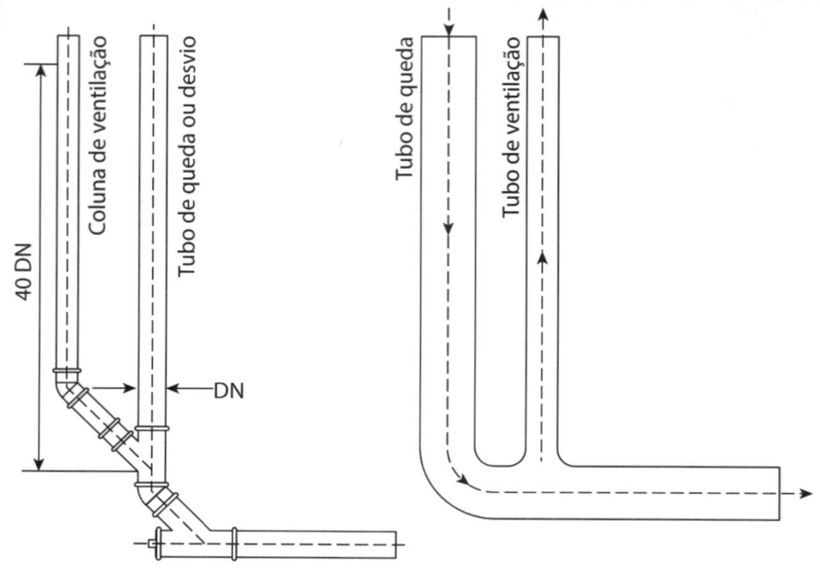

Figura 5.32 Desligamento do ramal de esgoto do ralo sifonado do tubo de queda original e ligação em novo tubo de queda, devidamente ventilado, a ser instalado.

(a) situação original   (b) situação proposta

RETORNO DE ESPUMA PELA CAIXA SIFONADA

Isso normalmente acontece quando o lançamento da água servida da máquina de lavar roupas é feito diretamente na caixa sifonada. Nesse caso, para certificar-se de que o problema está no ralo, deve-se observar se imediatamente após o despejo da máquina de lavar roupa ocorre o retorno de espuma pelo ralo. Em geral, as máquinas de lavar roupas e louças possuem uma vazão de descarte instantânea maior e com mais pressão de lançamento. Um ramal subdimensionado para esgotamento dessas máquinas pode acarretar transborde de água do desconector no piso. Para máquina de lavar roupas, a norma define UHC igual a 3 e diâmetro mínimo de 50 mm.

Atualmente, existe no mercado um dispositivo chamado "antiespuma", que geralmente são especificados para os ralos projetados nas áreas de serviço. O antiespuma é um dispositivo que bloqueia o retorno do ralo ou caixa sifonada, permitindo a captação de água no local onde está instalado.

Esse bloqueio acontece porque quando a espuma começa a ser escoada pela tubulação de entrada das caixas e ralos e tenta passar pela grelha, a borracha interna do antiespuma dobra e impede sua passagem. Além de evitar o refluxo de espuma, evita a contaminação do ambiente por insetos, e é o único compatível com todas as caixas sifonadas do mercado. Estão disponíveis nos seguintes diâmetros: DN 100 e DN 150.

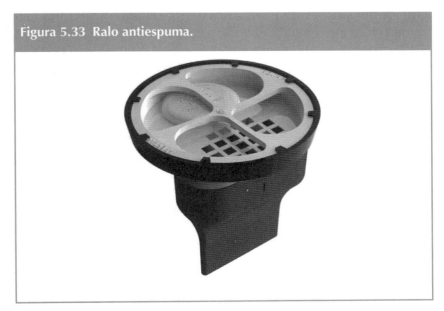

Figura 5.33 Ralo antiespuma.

Fonte: Tigre.

REFLUXO DE ÁGUAS SERVIDAS PARA O SISTEMA DE CONSUMO

Chama-se retrossifonagem o refluxo de águas servidas, proveniente de um reservatório, aparelho sanitário ou de qualquer outro recipiente, para o interior de uma tubulação de água potável, em decorrência de pressões negativas na rede, ou seja, pelo fato da sua pressão ser inferior à atmosférica. Por esse fenômeno, os germes entram através do sub-ramal do aparelho, contaminando, consequentemente, toda a instalação de água potável. Esse fenômeno pode ocorrer em aparelhos que apresentam a entrada de água potável abaixo de seu plano de transbordamento.

Os aparelhos passíveis de provocar a retrossifonagem são: bidê, lavatório, banheira e vaso sanitário. Portanto, devido a um entupimento na saída desses aparelhos e ao aparecimento de subpressões nos ramais ou sub-ramais a eles interligados, as águas servidas podem ser introduzidas nas canalizações que conduzem água potável.

Os aparelhos sanitários, bem como suas instalações e ramais internos, devem ser garantidos pelo fabricante, de forma que não provoquem a retrossifonagem.

Além de evitar a retrossifonagem nos aparelhos sanitários, de acordo com a NBR 5626:2020, "devem ser tomadas medidas de proteção contra o refluxo de água servida, não potável ou de qualidade desconhecida, para preservar a potabilidade da água da fonte de abastecimento nos pontos de suprimento e de utilização dos sistemas prediais de água fria e água quente. Os pontos de utilização que, de alguma forma, possam estar sujeitos à condição de conexão cruzada, devem ser protegidos contra o refluxo."

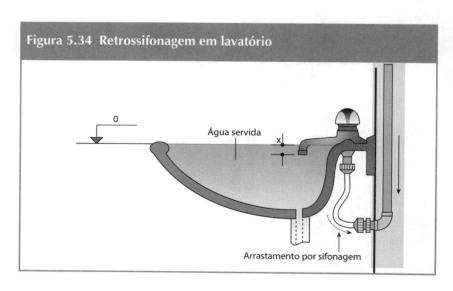

Figura 5.34 Retrossifonagem em lavatório

FLECHAS EXCESSIVAS EM TUBULAÇÕES APARENTES

As tubulações devem obedecer a um correto espaçamento entre apoios, visando-se a evitar flechas excessivas, as quais podem ocasionar problemas, como vazamentos, interrupções e, consequentemente, manutenções onerosas.

Nas instalações aparentes, os tubos devem ser fixados com braçadeiras de superfícies internas lisas e largas, com um comprimento de contato de no mínimo 5 cm, abraçando o tubo quase totalmente (em ângulo de 180°).

Os tubos devem ser fixados com braçadeiras de superfícies internas lisas e largas, obedecendo o seguinte espaçamento:

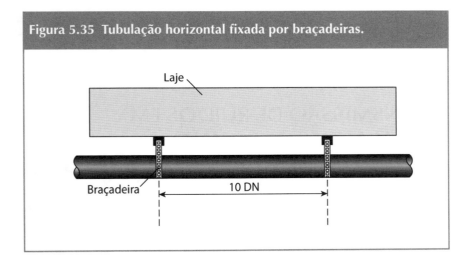

Figura 5.35 Tubulação horizontal fixada por braçadeiras.

ESPAÇAMENTO HORIZONTAL DAS BRAÇADEIRAS

Calcular 10 vezes o diâmetro da canalização (10 × DN). Por exemplo, se temos um tubo de 100 mm, o distanciamento entre os suportes será de 10 × 100 mm = 1.000 mm (ou 1 metro).

ESPAÇAMENTO VERTICAL DAS BRAÇADEIRAS

Nas tubulações fixadas na posição vertical deve ser colocado um suporte (braçadeira) a cada 2 metros.

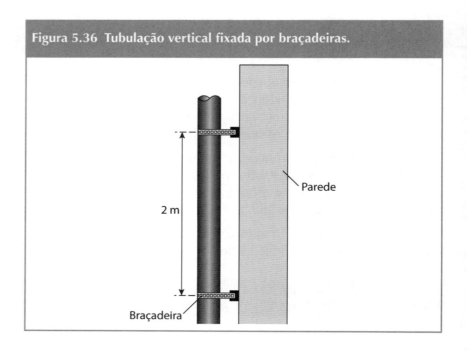

Figura 5.36 Tubulação vertical fixada por braçadeiras.

TRANSMISSÃO DE RUÍDOS EM INSTALAÇÕES DE ESGOTO

Os ruídos nas tubulações de esgoto podem se propagar tanto pelo ar quanto por materiais sólidos e líquidos. Quando se trata de ruído, normalmente, os pontos críticos são as curvas e os cotovelos da instalação.

Conforme a diretiva VDI[*] 4100, o nível de ruído, para um alto padrão de conforto em sistemas de esgoto deve ser no máximo 20 dB para que não haja incômodo nos ambientes adjacentes à instalação. Por outro lado, a norma alemã din 4109 estabelece como limite para uma condição básica de conforto ruídos de até 30 dB.

A Amanco apresenta no mercado a linha Silentium® PVC, que reduz o nível de ruídos nas instalações de esgoto das edificações atendendo plenamente estas recomendações (ver Fig. 5.31). A função do PVC mineralizado nos tubos e conexões dessa linha apresentada pela Amanco é isolar o ruído causado pelo transporte do fluido através da tubulação.

Os tubos para esgoto Amanco Silentium, fabricados na cor laranja, são pré-reforçados, tem facilidade de encaixe e rapidez na execução da junta, possuem dupla segurança em relação a estanqueidade, tecnologia em PVC mineralizado autoextinguível e, alta resistência a detergentes, desinfetantes e produtos de limpeza em geral.

---

[*] VDI (Verein Deutscher Ingenieure). Associação de Engenheiros Alemães.

Os tubos da linha Silentium possuem maior resistência mecânica que os tubos das séries normal (SN) e reforçada (SR), devido ao aumento de espessura de parede. O tubo de DN 100, por exemplo, possui espessura de 3,2 mm. Para se ter uma ideia da diferença de espessura em relação aos demais, o tubo de DN 100 da série SN possui espessura de 1,8 mm, e da série SR, 2,5 mm. Por essa razão, também possuem excelente resistência ao impacto.

Esse sistema é indicado para redução de ruídos em edifícios residenciais e comerciais, hospitais, hotéis, bibliotecas e laboratórios, locais onde o conforto do silêncio é fundamental.

Figura 5.37 Pontos críticos de geração de ruído absorvidos pelo sistema Amanco Silentium® PVC.

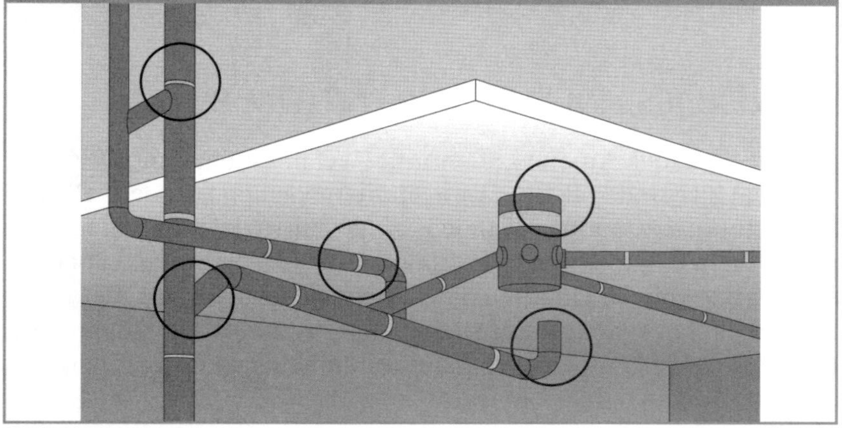

Fonte: www.amanco.com.br.

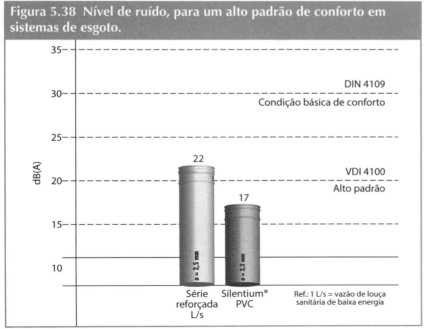

Figura 5.38 Nível de ruído, para um alto padrão de conforto em sistemas de esgoto.

Fonte: diretiva VDI* 4100.

* VDI (Verein Deutscher Ingenieure). Associação de Engenheiros Alemães.

Figura 5.39 Comparativo entre espessuras de parede.

Diâmetro nominal DN	Série normal SN (mm)	Série reforçada SR (mm)	Linha Silentium (mm)
40	1,2	1,8	2,3
50	1,6	1,8	2,3
75	1,7	2,0	2,6
100	1,8	2,5	3,2
150	2,5	3,6	4,6

CONEXÕES AMANCO SILENTIUM PVC

As conexões Amanco Silentium PVC possuem Junta Elástica Bilateral Integrada (JEBI), fabricadas em borracha especial EPDM. É resistente aos ataques químicos e raios ultravioletas, mais fácil e rápido de instalar, eliminando qualquer risco de vazamento, porque a junta não rola na canaleta da conexão. O formato das aletas garante a dupla vedação entre a superfície do tubo e o alojamento da conexão. Além da vedação do sistema, também evitam a propagação de ruído ao longo da tubulação.

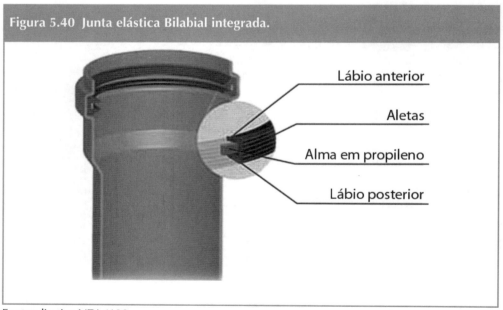

Figura 5.40 Junta elástica Bilabial integrada.

Fonte: diretiva VDI 4100.

DEFLETOR ACÚSTICO PARA CAIXA SIFONADA

O defletor acústico para caixa sifonada, desenvolvido especialmente pela Amanco, é fabricado totalmente em borracha especial, para redução do ruído provocado pela queda d'água no fundo da caixa sifonada. É instalado diretamente no porta-grelha da caixa sifonada e pode ser aplicado em caixas sifonadas já instaladas.

A Amanco também apresenta um produto pioneiro no mercado: o ralo Antiespuma com defletor, projetado para evitar que a espuma gerada no interior da caixa sifonada retorne para o meio ambiente; impedir a passagem de baratas e insetos das tubulações para o ambiente habitável e reduzir a passagem do ruído pela caixa sifonada para os pavimentos inferior e superior.

A presença do defletor, acoplado ao antiespuma, reduz o ruído provocado pela queda d'água proveniente de chuveiros, duchas e lavagem de pisos no fundo do corpo da caixa sifonada, também atuando na melhoria do isolamento acústico entre os pisos inferior e superior.

Figura 5.41 Defletor acústico para caixa sifonada.

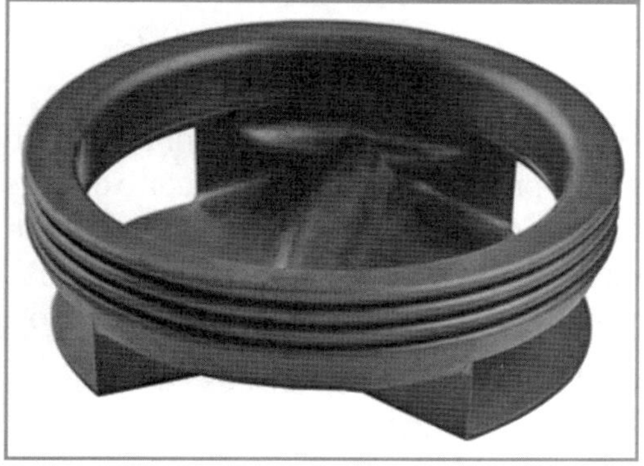

Fonte: Amanco.

Figura 5.42 Antiespuma com defletor DN 100.

Fonte: Amanco.

AMORTECEDOR ACÚSTICO PARA VASO SANITÁRIO

Fabricado em borracha com dureza especial, o amortecedor acústico para bacia sanitária é aplicado entre a conexão (Joelho ou Curva 90°) e o prolongador da caixa sifonada. Fornecido em conjunto com duas abraçadeiras metálicas, é de fácil e rápida instalação, garantindo total estanqueidade. Reduz a transmissão do ruído estrutural e garante redução acústica entre pavimentos da edificação.

Figura 5.43 Amortecedor acústico para bacia sanitária.

Fonte: Amanco.

RECALQUE DE TUBULAÇÕES ENTERRADAS*

Com relação à classificação, os tubos enterrados, dependendo das características do material, podem ser rígidos (tubos de concreto e tubos cerâmicos) ou flexíveis (tubos de aço e de plástico, inclusive plástico reforçado com fibra).

Para o usuário entender o comportamento de um tubo rígido e flexível enterrado, inicialmente, é preciso entender o conceito de três parâmetros: resistência, rigidez e durabilidade. Isso irá facilitar o entendimento do comportamento dessas tubulações, quando aplicadas tanto em redes de águas pluviais quanto redes de esgotos sanitários.

- *Resistência:* É a habilidade de resistir às tensões. As tensões usuais em um tubo podem ser derivadas de carregamentos tais como pressão interna, cargas geradas por recalques diferenciais e/ou por flexão longitudinal, entre outras.

- *Rigidez:* É a habilidade de resistir às deformações. As deformações usuais em um tubo podem ser derivadas de cargas permanentes devido ao peso do solo, e quando houver pavimento, cargas produzidas por sobrecargas na superfície em função da natureza do tráfego (rodoviário, ferroviário, aeroviário, etc.), entre outras. A rigidez está diretamente relacionada ao módulo de elasticidade do material e ao momento de inércia da parede do tubo na direção transversal.

- *Durabilidade:* É uma medida da habilidade do material do tubo para resistir aos efeitos ao longo do tempo de intempéries e da ação do fluido conduzido. Termos como resistência a corrosão ou resistência a abrasão são fatores de durabilidade.

---

* Fontes: *Manual de instalação de tubulações enterradas de PRFV.* Joplas Industrial Ltda.

CHAMA NETO, Pedro Jorge. *Avaliação de desempenho de tubos de concreto com fibras de aço.* Dissertação de mestrado apresentada à Escola Politécnica da Universidade de São Paulo. São Paulo, 2002.

CHAMA NETO, Pedro Jorge; RELVAS, Fernando José. Avaliação comparativa de desempenho entre tubos rígidos e flexíveis para utilização em obras de drenagem de águas pluviais. *Boletim Técnico ABTC/ ABCP,* São Paulo, 2003.

No caso de tubos rígidos, o solo de envolvimento lateral é menos rígido que o tubo, sofrendo recalque devido ao peso do aterro. Para essa situação, a carga de terra sobre o tubo rígido será maior pela contribuição do solo adjacente.

No caso de tubos flexíveis, o tubo é geralmente menos rígido que o solo de envolvimento lateral (com a devida compactação).

Os tubos flexíveis, como, por exemplo, os tubos de PVC, quando submetidos à compressão diametral, podem sofrer deformações superiores a 3% no diâmetro, medidas no sentido da aplicação da carga, sem que apresentem fissuras prejudiciais. Sob a carga de solo, o tubo tende a defletir, acarretando uma diminuição do diâmetro vertical e um aumento do diâmetro horizontal. Isso provoca uma reação do solo de envolvimento lateral, que impede maiores deformações.

Portanto, a capacidade de carga dos tubos flexíveis não pode ser analisada considerando-se apenas o tubo de forma isolada, mas também o solo.

Quanto mais rígido (compactado) for o solo, melhor será a capacidade de carga do tubo flexível.

Os tubos rígidos, por não se deformarem, não necessitam utilizar o solo de envolvimento lateral para resistirem aos esforços, e sua capacidade de carga dependerá apenas da resistência do próprio tubo.

INSTRUÇÕES GERAIS PARA EVITAR DANOS EM TUBULAÇÕES ENTERRADAS

De acordo com o Manual Técnico Tigre, as tubulações de esgoto enterradas devem ser assentadas em terreno resistente ou sobre base apropriada, livre de detritos ou materiais pontiagudos.

O fundo da vala deve ser uniforme e, para tanto, deve ser regularizado utilizando-se areia ou material granular.

Se a tubulação de esgoto tiver DN 100 (10 cm), por exemplo, a largura da vala a ser aberta para realizar o assentamento da tubulação deve ser: DN + 30 cm, ou seja, 40 centímetros.

A profundidade mínima de assentamento da tubulação deve ser conforme recomendação do fabricante (ver Tabela 5.1).

Estando o tubo colocado no seu leito, deve-se preencher lateralmente com o material indicado, compactando-o manualmente em camadas de 10 a 15 cm até atingir a altura da parte superior do tubo. A seguir, completa-se com a colocação do material até 30 cm acima da parte superior do tubo.

Se a tubulação enterrada estiver sujeita à carga de rodas, fortes compressões ou, ainda, situada sob área edificada, é recomendável fazer uma proteção adequada, com uso de lajes ou canaletas de concreto que impeçam a ação desses esforços sobre a tubulação.

Figura 5.44 Efeito do recalque de solo em um tubo flexível e rígido.

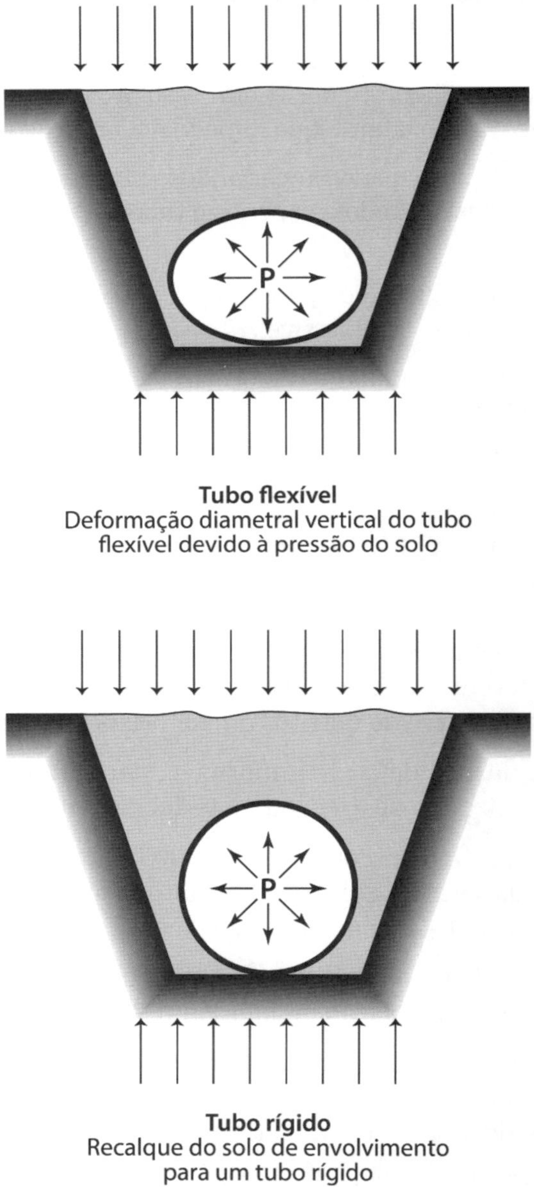

Tubo flexível
Deformação diametral vertical do tubo flexível devido à pressão do solo

Tubo rígido
Recalque do solo de envolvimento para um tubo rígido

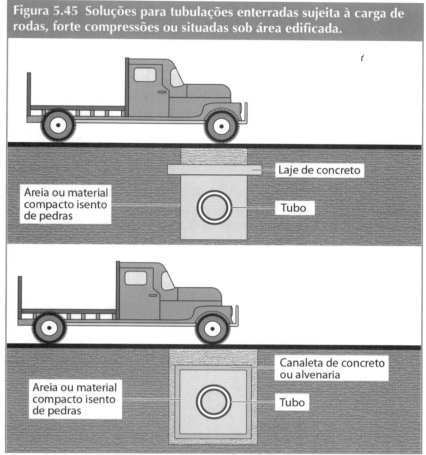

Figura 5.45 Soluções para tubulações enterradas sujeita à carga de rodas, forte compressões ou situadas sob área edificada.

Fonte: Manual Técnico Tigre.

INTERFACES DAS TUBULAÇÕES COM OS ELEMENTOS ESTRUTURAIS

Antes da execução da obra, a compatibilização entre os projetos (arquitetônico, estrutural e hidráulico) é importante para solucionar interferências que não devem ser resolvidas durante a construção do edifício. Ela permite a integração das soluções adotadas para os diversos subsistemas.

A tubulação de esgoto, por exemplo, não deverá ficar solidária à estrutura da construção, devendo existir folga ao redor do tubo nas travessias de estruturas ou de paredes, para se evitar danos à tubulação na ocorrência de eventuais recalques (rebaixamento) da parede após a construção da obra.

No caso de tubulações que atravessam vigas, essa travessia normalmente é feita abaixo da linha neutra na região central da viga e acima da linha neutra na região próxima aos apoios intermediários, isto é, sempre na região tracionada da seção da viga. Nestas regiões, localizadas pelo engenheiro calculista, através de momentos fletores, conta-se apenas com a colaboração da resistência do aço, podendo-se colocar as tubulações no espaço ocupado pelo concreto. Para passar tubos em vigas e evitar danos à estrutura do edifício, além de consultar o engenheiro responsável pelo projeto estrutural, o furo deve ser feito com ferramental apropriado, por exemplo, a perfuratriz. Os furos devem ser bem planejados e executados antes da concretagem, ou seja, o espaço da abertura não receberá o concreto, jamais poderão ser feitos depois da concretagem da viga.

Sempre que houver necessidade de fazer furos que atravessam as vigas na direção de sua largura ou na direção da sua altura, ou fazer aberturas que atravessam lajes na direção de sua espessura é necessário consultar a NBR 6118:2014 -Projeto de estruturas de concreto — Procedimento, particularmente.

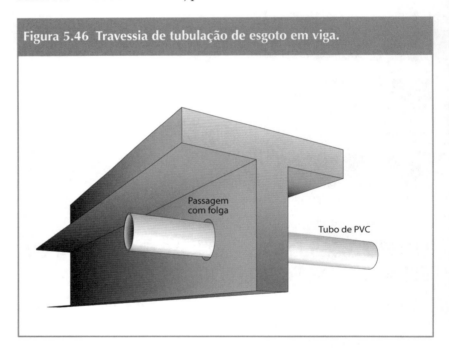

Figura 5.46 Travessia de tubulação de esgoto em viga.

DEFORMAÇÕES EM TUBULAÇÕES DE ESGOTO

A deformação das tubulações de esgoto pode ter várias causas: utilização de soda cáustica na tentativa de desentupimento da tubulação, condução de esgoto sem pressão em temperatura excessiva, contato direto com outro material com temperatura elevada, profundidade de assentamento, material de envoltória e compactação inadequados para o tipo de carga existente sobre a tubulação.

Caso tenha ocorrido a deformação devido a utilização de soda cáustica para desentupimento da tubulação, deve-se substituir o trecho de tubo de PVC danificado e orientar o usuário para que não faça mais esse procedimento na tentativa de desobstruir a tubulação de esgoto.

Se a deformação foi causada pela condução de esgoto sem pressão em temperatura excessiva, deve-se verificar: se a deformação ocorreu em ramal de descarga de pia de cozinha ou industrial, a declividade da tubulação, condições de apoio da tubulação, bem como verificar as condições de uso (regime esporádico ou contínuo) e o dimensionamento da tubulação. A solução neste caso é substituir o trecho da tubulação que estiver danificada pela Linha Série Reforçada; corrigir eventuais erros de declividade, corrigir o espaçamento de apoio da tubulação, em casos de cozinhas industriais não utilizar tubos de PVC, mas de F°F° (ferro fundido).

No caso da tubulação estar em contato direto com outro material com temperatura elevada, deve ser verificado se a tubulação de PVC está em contato direto com outra tubulação metálica conduzindo líquido em alta temperatura. A solução é inserir um metal isolante térmico entre as tubulações ou fazer um desvio da tubulação para evitar o contato direto.

Quando acontece a deformação de uma tubulação de esgoto enterrada, as causas mais prováveis são: profundidade de assentamento em desacordo com as recomendações, material de envoltória e compactação inadequados para o tipo de carga existente sobre a tubulação.

Figura 5.47 Deformação da tubulação de esgoto.

PRÁTICAS INADEQUADAS NA EXECUÇÃO DAS INSTALAÇÕES

Existem algumas práticas que são inaceitáveis, ou melhor, são "gambiarras" que se praticam para facilitar o trabalho do encanador. Entre as quais, podemos citar: emendas e curvas por aquecimento (uso do fogo), correção de vazamentos com massa epóxi, erro de furação de laje, apoios inadequados das tubulações (uso de correias, cordas etc).

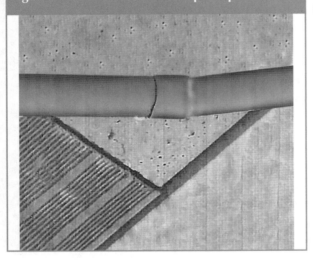

Figura 5.48 Emendas de tubos por aquecimento.

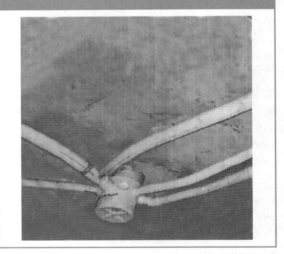

Figura 5.49 Curvas por aquecimento.

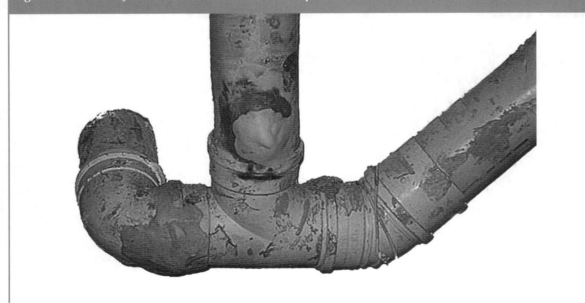

Figura 5.50 Correção de vazamento com massa epóxi.

LIGAÇÃO DE ESGOTO EM REDE DE ÁGUAS PLUVIAIS

O esgoto coletado na instalação predial deve ser encaminhado à rede pública coletora de esgoto e posteriormente encaminhado à Estação de Tratamento de Esgoto (ETE), onde o mesmo é devidamente tratado e devolvido à natureza. Já a rede de drenagem de água pluvial recolhe os excessos de água da chuva que se acumulam em superfícies e subsolos da cidade. Ela é formada por estruturas de engenharia encarregadas de conduzir as águas residuais das chuvas – e não precisa de tratamento – de volta aos rios, lagos e mares.

As ligações clandestinas de esgoto ocorrem de duas formas: por meio do despejo de dejetos na rede de águas pluviais ou pela destinação de efluentes não permitidos no sistema de esgotamento sanitário. Quando o esgoto cai em galerias pluviais, destinada à água da chuva, ele corre em direção aos rios e às praias. É, portanto, um problema ambiental e de saúde pública.

As ligações de esgoto, realizadas clandestinamente nas redes de drenagem pluviais, provocam danos graves ao meio ambiente e podem causar diversas doenças, como cólera, hepatite e difteria ao homem.

Para saber se existe uma ligação clandestina de esgoto na rede de drenagem pluvial, basta fazer um teste usando corantes na pia da cozinha, tanque lavatório etc. Essa prática é muito comum em cidades que não possuem redes de coleta de esgoto.

PATOLOGIA DOS SISTEMAS PREDIAIS DE ÁGUAS PLUVIAIS

6

CONSIDERAÇÕES GERAIS

As águas pluviais são aquelas que se originam a partir das chuvas. A captação dessas águas tem por finalidade permitir um melhor escoamento, evitando alagamento, erosão do solo e outros problemas. Nas edificações, as coberturas destinam-se a proteger determinadas áreas das águas de chuva; portanto, esse volume de água que cai sobre o telhado deve ser adequadamente coletado e transportado para locais permitidos pelos dispositivos legais. A instalação de águas pluviais se destina exclusivamente ao recolhimento e condução das águas das chuvas, não se admitindo quaisquer interligações com outras instalações prediais. Portanto, as águas pluviais não podem ser lançadas em redes de esgoto. A norma que rege essas instalações é a NBR 10844:1989 - Instalações prediais de águas pluviais, que fixa as exigências e os critérios necessários aos projetos de instalação de drenagem de águas pluviais, visando a garantir níveis aceitáveis de funcionalidade, segurança, higiene, conforto, durabilidade e economia. De acordo com a norma, as instalações de drenagem de águas pluviais devem ser projetadas de modo a obedecer às seguintes exigências:

- recolher e conduzir a vazão de projeto até locais permitidos pelos dispositivos legais;
- ser estanques;
- permitir a limpeza e a desobstrução de qualquer ponto no interior da instalação;
- absorver os esforços provocados pelas variações térmicas a que estão submetidas;
- quando passivas de choques mecânicos, ser constituídas de materiais resistentes a eles;
- nos componentes expostos, utilizar materiais resistentes às intempéries;

- nos componentes em contato com outros materiais de construção, utilizar materiais compatíveis;
- não provocar ruídos excessivos;
- resistir às pressões a que podem estar sujeitas;
- ser fixadas de maneira a assegurar resistência e durabilidade.

De acordo com a NBR 15575:2013 Edificações habitacionais - Desempenho - Parte 6: Requisitos para os sistemas hidrossanitários, o nível para aceitação de desempenho das instalações é o atendimento do projeto à NBR 10844:1989 - Instalações prediais de águas pluviais.

A seguir, apresentam-se as principais manifestações patológicas associadas ao projeto e execução de calhas, condutores verticais e condutores horizontais de águas pluviais.

INFILTRAÇÃO DE ÁGUA EM TELHADO

Os vazamentos provenientes do sistema de águas pluviais são manifestados por meio de manchas nos forros ou paredes que lhe ficam abaixo da laje, assim como por goteiras.

A identificação e localização desses vazamentos é muito simples, podendo ser feito por meio de uma inspeção visual logo após a chuva. Para constatar o problema (vazamento) sem a presença de chuva basta dividir a calha em trechos com buchas de pano e papel formando barreiras, represando a água. Em seguida, encher cada trecho de uma vez, observando possíveis vazamentos e a causa dos mesmos.

Porém, quando se trata de seção insuficiente, este tipo de vazamento em calhas e em condutores não é verificado com este teste de inspeção por trecho. Deste modo, quando chove muito, ocorrerá o transbordamento de água.

A dificuldade de identificar o vazamento é pelo fato de acontecer apenas com fortes chuvas, que ocorrem poucas vezes, dependendo da região.

TRANSBORDAMENTO DE CALHAS POR SEÇÃO INSUFICIENTE

As calhas e condutores devem suportar a vazão de projeto a partir da intensidade de chuva adotada para a localidade e para um certo período de retorno. O nível para aceitação é o atendimento do projeto ao disposto na NBR 10844:1989. Quando se trata de seção insuficiente de calha, a solução desse tipo de vazamento será a troca da peça inteira por uma com maior seção, que suportará uma maior quantidade de água.

No detalhamento de coberturas e cortes da edificação, é necessário o detalhamento do sistema de captação e escoamento das águas pluviais. Por essa razão, o engenheiro (arquiteto) deve posicionar e pré-dimensionar as calhas e os condutores verticais no projeto arquitetônico.

As calhas representam a primeira etapa no dimensionamento das instalações prediais de águas pluviais, pois são elas que recebem as águas dos telhados, conduzindo-as imediatamente aos condutores verticais. O dimensionamento das calhas deve ser feito pela fórmula de Manning-Strickler, ou de qualquer outra fórmula equivalente da hidráulica. A vazão calculada deverá ser maior que a vazão de projeto.

A NBR 10844:1989 fornece detalhadamente os critérios para o dimensionamento de calhas, condutores verticais e horizontais.

Cálculo da vazão de projeto

Conhecendo-se a intensidade pluviométrica e a área de contribuição do telhado, a vazão coletada pelas calhas pode ser calculada pela seguinte fórmula:

$$Q = \frac{I \times A}{60}$$

Onde:
Q = vazão em litros/min
I = intensidade pluviométrica, em mm/h
A = área de contribuição, em m^2

De acordo com a NBR 10844:1989, as calhas devem ter capacidade para escoar a água da chuva correspondente a 5 anos de período de retorno (chuva que tem a probabilidade de ocorrer 1 vez a cada 5 anos) sobre a área de contribuição de um plano de telhado.

Calhas semicirculares

Uma das características que influem na capacidade de uma calha é sua forma (normalmente retangular ou semicircular). Em função disso, a norma fornece sua capacidade hidráulica. A NBR 10844:1989 fixa a capacidade, em litros por minuto, de calhas semicirculares de acordo com o diâmetro e as declividades.

Em calhas de beiral ou platibanda, quando a saída estiver a menos de 4 m de uma mudança de direção, a vazão de projeto deverá ser multiplicada pelos coeficientes da Tabela 6.3.

Tabela 6.1 Capacidade de calhas semicirculares (razão em litros/min)

Diâmetro interno (mm)	Declividades		
	0,5%	1,0%	2,0%
	Vazão (L/min)		
100	130	183	256
125	236	333	466
150	384	541	757
200	829	1.167	1.634

Tabela 6.2 Coeficientes multiplicativos da vazão de projeto

Tipo de curva	Curva a menos de 2 m da saída da calha	Curva entre 2 e 4 m da saída da calha
Canto reto	1,20	1,10
Canto arredondado	1,10	1,05

Nota:

Figura 6.1 Disposição na cobertura.

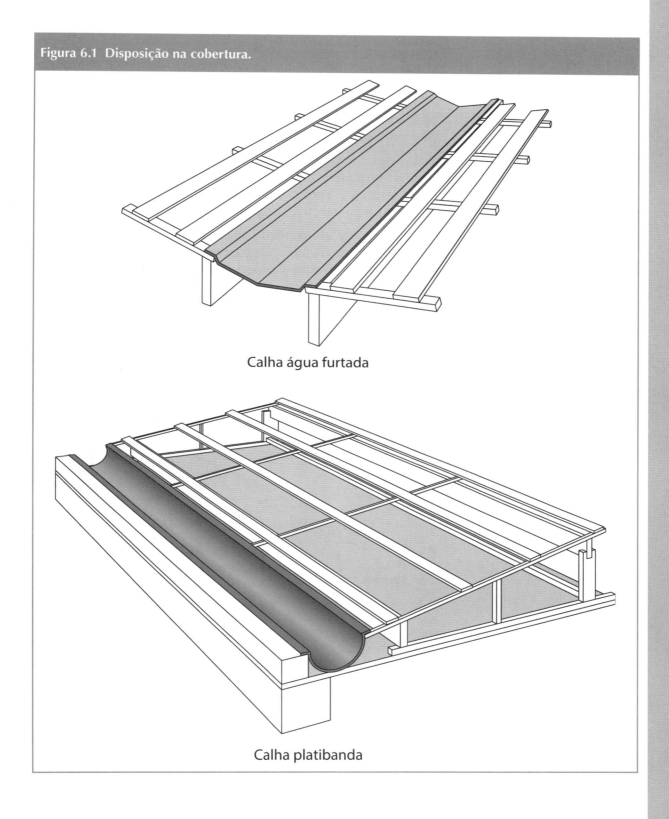

Calha água furtada

Calha platibanda

Calhas de seção retangular*

Para o pré-dimensionamento de calha de seção retangular, confeccionada de chapa galvanizada (tipo mais usado nas edificações, por ser de fácil fabricação), é perfeitamente dispensável a aplicação de fórmulas da hidráulica, dando para elas o mesmo tratamento de escoamento de canais.

A largura deverá ser aquela suficiente para evitar que a água não caia fora quando é despejada pela telha e a altura deve ser metade da largura. A projeção horizontal da borda da telha, na calha, deve situar a um terço da largura, conforme mostrado na figura.

A seguir, apresenta-se, de forma simplificada, o dimensionamento de calha de seção retangular em função do comprimento do telhado. O comprimento a ser considerado é a medida da água da cobertura na direção do escoamento. Quando houver dois telhados contribuindo para uma mesma calha, os comprimentos de ambos deverão ser somados.

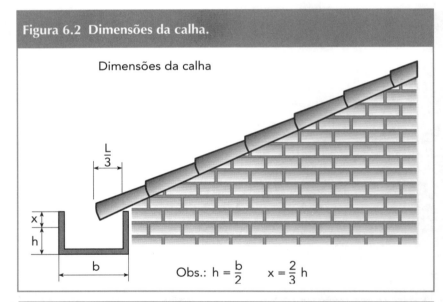

Figura 6.2 Dimensões da calha.

Obs.: $h = \frac{b}{2}$ $x = \frac{2}{3} h$

Tabela 6.3 Dimensões da calha em função do comprimento do telhado

Comprimento do telhado (m)	Largura da calha (mm)
Até 5	0,15
5 a 10	0,20
10 a 15	0,30
15 a 20	0,40
20 a 25	0,50
25 a 30	0,60

---

* Fonte: MELO Vanderley de Oliveira & AZEVEDO NETTO, José M. *Instalações prediais hidráulico-sanitárias*. São Paulo, Blucher, 1988.

TRANSBORDAMENTO DE CALHA POR AUSÊNCIA DE DECLIVIDADE

Quando ocorrem chuvas intensas não é raro ocorrer transbordamento de calhas em algumas edificações. Conforme a intensidade e a duração da chuva, a água extravasada para dentro do ambiente pode representar sérios prejuízos e aborrecimentos para os seus moradores (usuários).

A declividade das calhas é de extrema importância para que não ocorra o empoçamento de águas em seu interior.

Normalmente, isso acontece devido à ausência de declividade ou dimensionamento incorreto das calhas ou da pouca capacidade dos condutores verticais.

A declividade das calhas deve ser a mínima possível, 0,5%, e no sentido dos condutores (tubos de queda), a fim de evitar o empoçamento de águas quando cessada a chuva. As calhas de água furtada têm inclinação de acordo com o projeto de arquitetura.

Apesar de a vazão máxima de escoamento aumentar consideravelmente quando se aumenta a declividade da calha, é importante lembrar que o aumento dessa inclinação nem sempre é fisicamente viável, pois acarreta grandes intervenções nos elementos construtivos de apoio. Uma solução para o problema é o aumento da capacidade de escoamento dos condutores verticais.

Além da declividade, outro fator que diminui a eficiência da calha com relação ao escoamento é a sua mudança de direção. A redução na capacidade de escoamento da calha chega a ser 17%, dependendo da suavidade da curva e de sua distância em planta.

De acordo com a NBR 10844:1989, as calhas de beiral e platibanda devem, sempre que possível, ser fixadas centralmente sob a extremidade da cobertura e o mais próximo desta.

O posicionamento incorreto de calha em telhados (ver Figura 6.4), quando a altura entre a calha e a laje de cobertura é insuficiente, não permitindo, assim, a declividade mínima necessária para o escoamento das águas pluviais no sentido dos coletores, pode ocasionar o empoçamento de águas na calha quando cessada a chuva. Nos projetos arquitetônicos, particularmente nos cortes, deve ser prevista uma altura mínima que permita a declividade da calha, evitando, dessa maneira, o empoçamento.

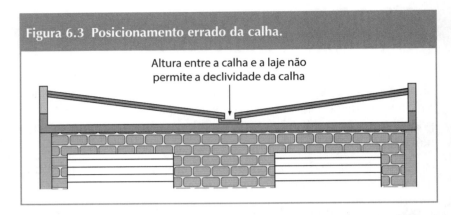

Figura 6.3 Posicionamento errado da calha.

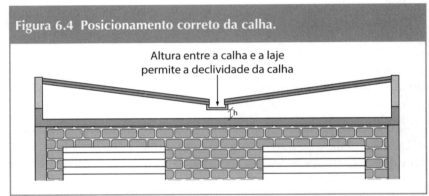

Figura 6.4 Posicionamento correto da calha.

TRANSBORDAMENTO DE CALHA POR SEÇÃO INSUFICIENTE DE CONDUTORES

Os condutores de águas pluviais são tubulações verticais que têm por objetivo recolher as águas coletadas pelas calhas e transportá-las até a parte inferior das edificações, despejando-as livremente na superfície do terreno, ou até as redes coletoras, que poderão estar situadas no terreno ou presas ao teto do subsolo (*pilotis*), por meio de braçadeiras, no caso dos edifícios com esse pavimento.

Os materiais mais comuns na fabricação dos tubos, de maiores aplicações, são o PVC e o ferro fundido (geralmente utilizado nas tubulações aparentes e sujeitas a choques).

O dimensionamento incorreto dos condutores verticais também é uma das causas do transbordamento de água em calhas.

As condições hidráulicas de funcionamento dos condutores verticais não são perfeitamente conhecidas, pois, normalmente, tem-se uma mistura de ar e água escoando nesse elemento. De qualquer maneira, os condutores deverão ser dimensionados levando em consideração o valor da intensidade da chuva crítica, ou seja, de pequena duração, mas de grande intensidade, e a área de contribuição de vazão.

Para o dimensionamento de condutores verticais, a NBR 10844:1989 apresenta ábacos específicos. Adota-se, na prática, diâmetros maiores ou iguais a 75 mm, devido à possibilidade de entupimento dos condutores com folhas secas e pássaros mortos.

Na ausência de um critério rigoroso para o dimensionamento dos condutores verticais, apresenta-se como sugestão para o pré-dimensionamento um critério simplificado muito utilizado por alguns projetistas, salvo em casos especiais, e que correlaciona a área do telhado com a seção do condutor.

A Tabela 6.5 mostra a relação entre o diâmetro dos condutores e a área do telhado (m²) para uma chuva crítica de 150 mm/h.

Tabela 6.4 Área máxima de cobertura para condutores verticais de seção circular

Diâmetro (mm)	Vazão (L/s)	Área do telhado (m^2) Chuva 150 mm/h	Chuva 120 mm/h
50	0,57	14	17
75	1,76	42	53
100	3,78	90	114
125	7,00	167	212
150	11,53	275	348
200	25,18	600	760

Fonte: Lucas Nogueira Garcez.

Figura 6.5 Detalhe da ligação da calha ao condutor.

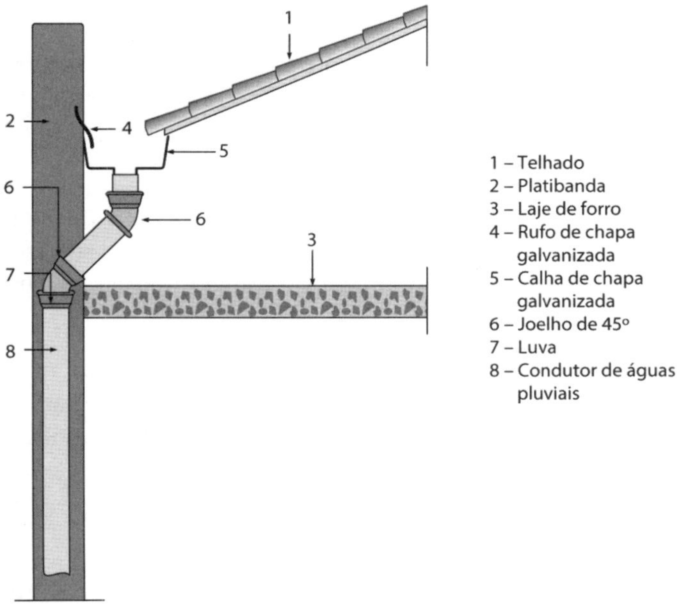

1 – Telhado
2 – Platibanda
3 – Laje de forro
4 – Rufo de chapa galvanizada
5 – Calha de chapa galvanizada
6 – Joelho de 45°
7 – Luva
8 – Condutor de águas pluviais

TRANSBORDAMENTO DE CALHA POR ACÚMULO DE SUJEIRA

A entrada dos condutores, o colarinho (bocal), pode também se apresentar entupida. Isso acontece com uma alta frequência, devido ao acúmulo de sujeira (folhas de árvores, papéis e até ninhos de passarinhos). Sempre que isto ocorrer deve-se fazer uma inspeção no telhado e providenciar a limpeza das calhas e bocais.

Quando a edificação estiver localizada em áreas arborizadas, dependendo da altura da cobertura, pode ocorrer o entupimento dos condutores devido à quantidade de folhas que caem sobre o telhado. Nesse caso, é importante que se coloque uma tela ou Grelha Flexível Tigre no bocal das calhas, evitando, dessa maneira, a introdução de folhas e pequenos galhos dentro das tubulações e permitindo fácil limpeza e manutenção.

É importante que as calhas e condutores conectados ao telhado sejam mantidos limpos para evitar o extravasamento ou o retorno das águas de chuva. As calhas obstruídas podem causar erosão em torno da casa, danos nas paredes exteriores, infiltração de água na estrutura do telhado e, algumas vezes, recalques diferenciais na fundação. A limpeza deve ser feita duas vezes por ano, no mínimo, no final da estação seca e no final da estação das chuvas. Em áreas onde existem muitas árvores, a limpeza deve ser feita com maior frequência.

VAZAMENTOS EM CALHAS POR FALHAS DE EXECUÇÃO*

Em calhas de seção retangular de chapa galvanizada, caso seja constatado que o motivo do vazamento se deve à execução malfeita como, por exemplo, soldas incompletas ou danificadas, a solução será uma nova solda no local.

Além de soldas malfeitas, a ferrugem de pregos também pode causar furos nas calhas e provocar vazamentos. Nesta situação, uma nova solda pode não trazer resultado. Aconselha-se a efetuar a troca de toda a peça.

Pode ocorrer também deformações excessivas das calhas por apoios insuficientes ou inadequados. Neste caso, deve-se verificar o tipo de espaçamento máximo entre os apoios. Para evitar deformações deve-se instalar os suportes específicos (haste metálica, suporte de PVC ou suporte zincado) de acordo com o tipo de telhado e no espaçamento máximo recomendado.

Outro problema, que pode não ser observado em algumas situações, é o fato do desenho das calhas não estar perfeito. O lado

---

* Fonte: SOUZA, Marcos Ferreira de. *Patologias ocasionadas pela umidade nas edificações*. Monografia apresentada para obtenção do título de Especialista em construção civil. UFMG, Belo Horizonte, 2008.

interno da calha pode estar mais baixo que o externo, onde haverá extravasamento para dentro no caso de transbordo.

O amassamento das calhas também pode gerar vazamentos. Mesmo bem dimensionada, quando forem abertas, naturalmente ou acidentalmente, elas terão a seção insuficiente. Devido a este fato, é aconselhável que as bordas das calhas tenham uma virola ou uma melhor situação, ou possuam virolas com reforço com fio de aço.

Em calhas industrializadas de PVC, são comuns vazamentos nas juntas das calhas por ausência do anel de vedação, anel de vedação danificado ou fora da posição correta, ou encaixe incorreto das peças (calha/conexão). As soluções esperadas são: refazer a junta utilizando corretamente o anel de vedação ou refazer as juntas encaixando corretamente as calhas nas conexões, procurando transpassar a ponta das calhas até o limite indicado na borda das conexões.*

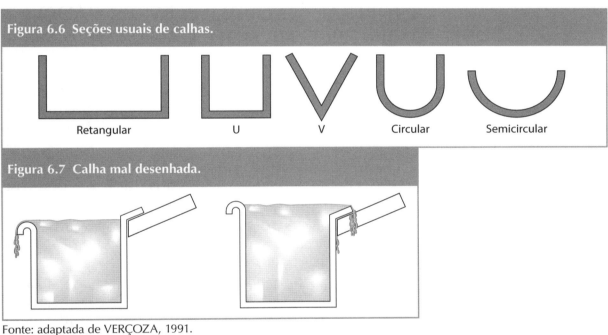

Figura 6.6 Seções usuais de calhas.
Retangular U V Circular Semicircular

Figura 6.7 Calha mal desenhada.
Fonte: adaptada de VERÇOZA, 1991.

Figura 6.8 Amassamento de calhas e uso de virolas.
Fonte: adaptada de VERÇOZA, 1991.

* Fonte: Manual Técnico Tigre.

** Fonte: VERÇOZA, E. J. *Patologia das edificações*. Porto Alegre, Editora Sagra, 1991.

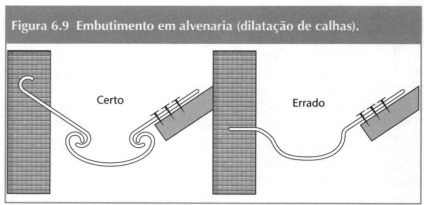

Fonte: adaptada de VERÇOZA, 1991.

INFILTRAÇÃO DE ÁGUA EM TELHADO POR ERROS NA COLOCAÇÃO DE RUFOS**

Os rufos servem para proteger paredes expostas (rufo tipo pingadeira) ou evitar infiltrações nas juntas entre telhado e parede (rufo interno). Os rufos geralmente são feitos com chapa metálica e fixadas ou com rebites ou com pregos.

Os erros mais comuns na colocação de rufos em telhados são falta de embutimento correto nas alvenarias, quebra de argamassa de fixação e caimento insuficiente.

Essas infiltrações ocasionadas por erros na colocação de rufos e similares são encontradas no momento em que se lança água sobre as paredes em que estão fixadas.

É importante ressaltar que os elementos possuem diferentes dilatações, principalmente por serem feitos de diferentes materiais (metais, alvenarias e madeiras). Com isso, as calhas não devem ser embutidas diretamente na alvenaria, mas fixadas de forma que tenham uma livre dilatação. Caso continuem embutidas na alvenaria, poderá acontecer o estouro do reboco, gerando um caminho para entrada de água e a ocorrência de diversas patologias.

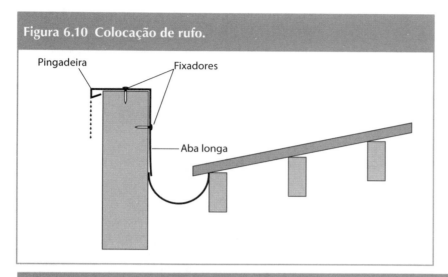

Figura 6.10 Colocação de rufo.

Figura 6.11 Infiltrações ocasionadas por erros na colocação de rufos e similares.

Fonte: adaptada de VERÇOZA, 1991.

VAZAMENTOS EM CONDUTORES VERTICAIS

Embora seja um defeito pouco frequente, os condutores (tubos pluviais) também apresentam problemas de vazamentos. Esses vazamentos em condutor vertical podem trazer conseqüências graves, principalmente, quando ele se encontra embutido na alvenaria. Para detectar esses vazamentos, pode ser realizada uma inspeção simples, nos mesmos moldes do teste citado anteriormente para calhas.

Normalmente a mancha fica abaixo do local onde a água vaza. Isso se deve ao fato de que a água corre entre o condutor e a parede e o problema tenha se manifestado em outra região. Para detectar o local exato do vazamento, devem ser realizados sondagens e testes em pontos cada vez mais superiores desde a mancha.

Esses vazamentos nos tubos são gerados por furos, soldas realizadas de forma incorreta, rachaduras, fissuras etc., e são casos idênticos às calhas, devendo ser adotadas as mesmas soluções para os tubos, ou seja, trocar a peça inteira ou a seção danificada.

Figura 6.12 Vazamento na união de tubo de ponta e bolsa.

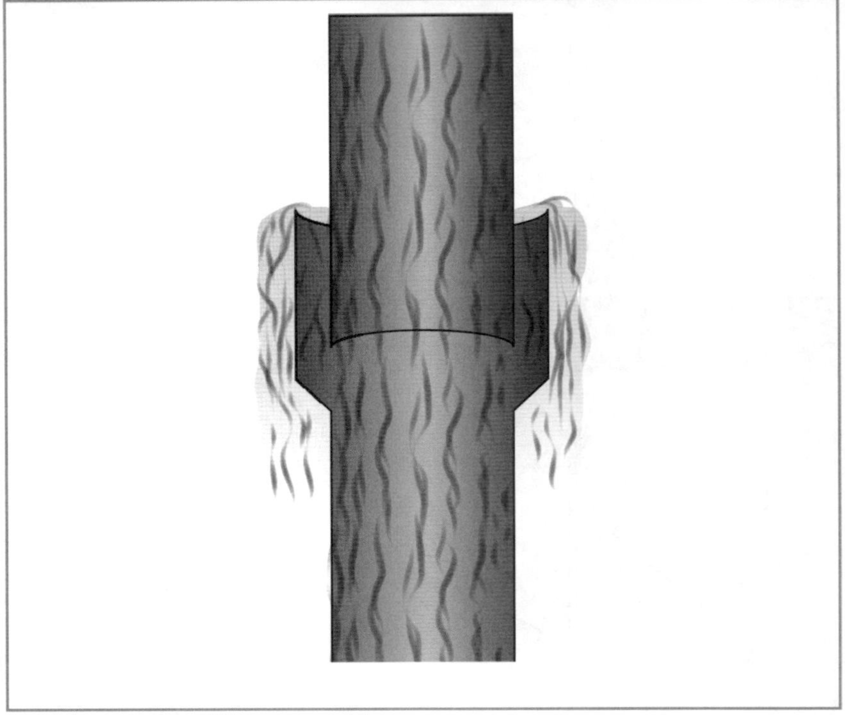

Fonte: adaptada de VERÇOZA, 1991.

RUPTURAS EM TUBOS POR SUBPRESSÃO (VÁCUO)

A ruptura em tubos de águas pluviais pode ser causada pela pressão negativa em colunas de águas pluviais em prédios acima de 4 pavimentos. Quando isso acontece, deve ser verificado também se há acúmulo de folhas ou sujeira no bocal, subdimensionamento do número de condutores ou do diâmetro dos condutores e declividade das calhas.

Para resolver o problema, deve-se corrigir os erros construtivos; declividades de calhas; diminuir a área de contribuição do condutor; corrigir eventuais erros de dimensionamento do número e (ou) diâmetro dos condutores e substituir a coluna de águas pluviais pela linha Série R fabricados de acordo com a NBR 5688:2010 - Tubos e conexões de PVC-U para sistemas prediais de água pluvial, esgoto sanitário e ventilação – Requisitos.

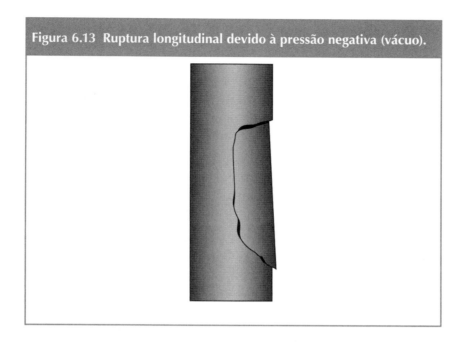

Figura 6.13 Ruptura longitudinal devido à pressão negativa (vácuo).

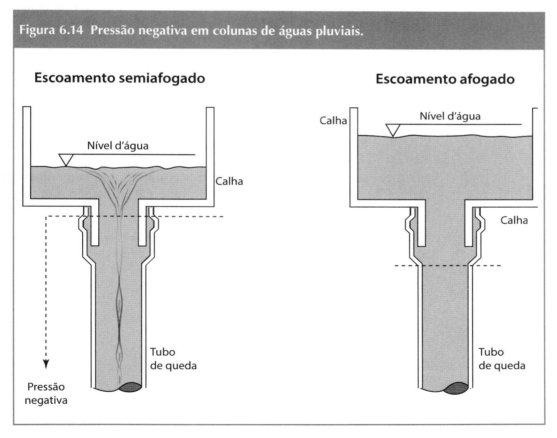

Figura 6.14 Pressão negativa em colunas de águas pluviais.

VAZAMENTOS EM CONDUTORES APARENTES (EXPOSTOS AO SOL)

De acordo com a NBR 10844:1989, os condutores de águas pluviais podem ser colocados externa e internamente ao edifício, dependendo de considerações de projeto, do uso e da ocupação do edifício e do material dos condutores.

O estudo das características e do posicionamento das prumadas, juntamente com os projetistas de estrutura e de hidráulica, possibilitará ao arquiteto compatibilizar as exigências técnicas das instalações com a arquitetura.

Sob o ponto de vista estético, as prumadas também podem ser utilizadas como elementos de fachada, dependendo do projeto arquitetônico.

Os tubos e conexões podem ser expostos ao sol sem nenhum risco de perder sua resistência à pressão hidrostática interna. Entretanto, a ação dos raios ultravioletas do sol provocará descoloração (perda de pigmento) das peças. Essa ação provocará um "ressecamento" da superfície externa dos tubos e das conexões e os mesmos ficarão mais suscetíveis a rompimento por impactos externos.

Dispostas dessa maneira, em curto prazo, as tubulações expostas perdem a resistência mecânica, podendo apresentar vazamentos com maior facilidade.

Por essa razão, o ideal é evitar que os tubos de PVC fiquem expostos diretamente ao sol e às intempéries, pois assim sua vida útil será muito menor. Além disso, não é uma boa solução deixar tubos expostos sem qualquer compatibilização estética com a fachada do edifício.

Caso seja realmente necessário à exposição ao sol por razões arquitetônicas ou decisão do arquiteto, os tubos devem ser pintados com tinta adequada, o que vai aumentar sua resistência.

Figura 6.15 Condutor de águas pluviais aparente.

VAZÃO CONCENTRADA DE ÁGUA SOBRE TELHADOS

Sabe-se que telhados são estruturas delicadas e, portanto, não devem receber vazões concentradas, que se transformem em carga de impacto sobre eles. Quando isso acontece, são inevitáveis danos à edificação, podendo ocasionar umidade no madeiramento de sustentação, devido a infiltrações pelo telhado. Portanto, não é recomendável coletar águas de chuva em um telhado, em nível mais elevado, e jogar em um telhado em nível mais baixo.

Caso o telhado mais baixo não tenha sido calculado para receber esse impacto (vazão concentrada), o correto seria transportar a água coletada do telhado, em nível superior, até a guia (sarjeta) ou calha, em nível mais baixo, por meio de um condutor. Dessa maneira, evita-se o impacto da vazão concentrada sobre o telhado, que se encontra em cota inferior.

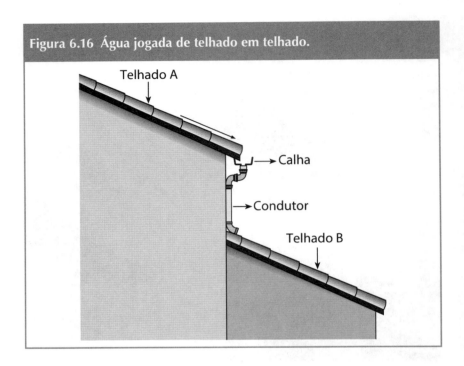

Figura 6.16 Água jogada de telhado em telhado.

EMPOÇAMENTO DE ÁGUA EM COBERTURAS HORIZONTAIS DE LAJE

É muito comum o empoçamento de água em coberturas horizontais de laje, mesmo não ocorrendo tempestades. Isso, normalmente, acontece devido à declividade incorreta da laje para o escoamento da água e a obstrução ou quantidade insuficiente de ralos. Para evitar isso, as superfícies horizontais de laje devem ter declividade mínima de 0,5%, de modo que garanta o escoamento das águas pluviais até os pontos de drenagem.

A drenagem deve ser feita por mais de uma saída, exceto nos casos em que não houver risco de obstrução. Quando necessário, a cobertura deve ser subdividida em áreas menores, com caimentos de orientações diferentes, para evitar grandes percursos de água. De acordo com a NBR 10844:1989, os trechos da linha perimetral da cobertura e das eventuais aberturas (escadas, claraboias etc.) que possam receber água, em virtude do caimento, devem ser dotados de platibanda ou calha. Os ralos hemisféricos (ralos cuja grelha é hemisférica) devem ser usados onde os ralos planos possam causar obstruções.

Além da declividade necessária para o escoamento das águas e do posicionamento correto de ralos de drenagem, a cobertura horizontal de laje deve ser especialmente projetada para ser impermeável. Para que isso ocorra, é importante uma boa compatibilização do sistema de drenagem com o de impermeabilização, uma vez que são necessárias algumas perfurações para acomodar os dispositivos de coleta de águas da chuva como, por exemplo, os ralos. O arquiteto deve consultar um especialista em impermeabilização para adequar o projeto e os respectivos detalhes de acabamento, a fim de garantir o pleno funcionamento dos dois sistemas.

Para a drenagem de terraços, marquises e varandas de pavimentos sobrepostos, podem também ser utilizados buzinotes, tubos de pequeno diâmetro e extensão, que esgotam as águas que neles chegam. Utilizam-se buzinotes com diâmetro mínimo de 50 mm, para evitar o entupimento, devendo haver um para cada 13,5 m² de área de cobertura, sendo um mínimo de dois por marquise. A desvantagem de se utilizar buzinotes para a drenagem de águas pluviais em terraços e marquises é que eles ficam pingando.

Para evitar a obstrução dos ralos (buzinotes) com detritos, folhas e poeira, é recomendável promover uma limpeza periódica nas coberturas horizontais de laje, bem como fazer a inspeção do sistema de drenagem no período anterior às chuvas.

Figura 6.17 Escoamento por meio de buzinote.

LIGAÇÃO DE ÁGUAS PLUVIAIS EM REDE DE ESGOTO

Os níveis projetados da edificação devem ser convenientemente estudados pelo arquiteto (engenheiro) com relação ao escoamento das águas pluviais por gravidade.

As águas pluviais, normalmente, são conduzidas, pelos condutores horizontais, à sarjeta da rua, em frente do lote. Se o terreno estiver em nível inferior à rua, deverão correr para a rua mais próxima, passando pelo terreno vizinho, conforme previsto no Código Civil Brasileiro. O lote à jusante deve receber as águas pluviais do lote situado à montante, mas, devido à desinformação dos moradores, isso acaba gerando problemas. A passagem das águas pluviais pelo lote à jusante deverá ser feita por meio de tubulações, em locais predeterminados.

Quando não são estudados convenientemente os níveis do terreno, acaba-se comprometendo a ligação dos condutores horizontais de águas pluviais, sendo até necessário, em alguns casos, o bombeamento das águas de chuva de pontos localizados abaixo do nível da rua. Essa solução sempre é desaconselhável, em vista de seu custo e manutenção.

Em períodos de estiagem, o sistema não funciona e, por essa razão, pode ocorrer algum defeito. Além disso, quedas de energia, muito comuns em dias de tempestade, interrompem o funcionamento do sistema, causando a inundação dos pavimentos localizados abaixo do nível da rua. Por isso, é necessário um sistema alternativo, com utilização de gerador de energia elétrica. Esse sistema deve ser previsto pelo arquiteto e pelo engenheiro hidráulico na fase de projeto e funcionar por comando automático. Assim, quando faltar energia elétrica, o gerador fará com que o sistema funcione automaticamente.

Quando o nível do terreno está abaixo do nível da rua, às vezes, para não adotar o sistema descrito, acontecem ligações clandestinas das águas pluviais na rede de esgoto, sobrecarregando e comprometendo a rede pública de coleta de esgoto, pois ela não é dimensionada para suportar essa vazão.

O dimensionamento hidráulico das tubulações de esgoto é feito de forma que o esgoto não chegue a ocupar todo espaço interno da tubulação. O líquido atinge apenas um determinado nível, inferior ao diâmetro interno da tubulação, possibilitando seu escoamento por gravidade, sem exercer pressões sobre a parede do tubo. Então, quando as águas pluviais vão para as redes de esgoto causam extravasamentos, pois "enche" toda a tubulação de esgoto, pressionando as paredes dos tubos fazendo com que se rompam, provocando refluxos.

Por essa razão, as águas pluviais não devem ser lançadas em redes de esgoto, pois as instalações prediais de águas pluviais se destinam exclusivamente ao recolhimento e à condução das águas pluviais, não se admitindo, em hipótese nenhuma, quaisquer interligações com outras instalações prediais.

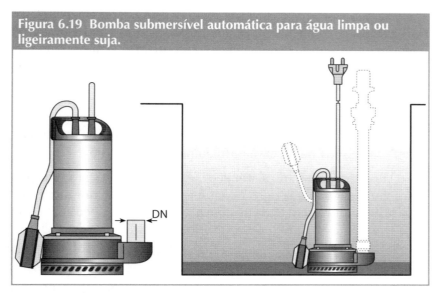

Figura 6.19 Bomba submersível automática para água limpa ou ligeiramente suja.

Figura 6.18 Rede coletora de águas pluviais em terreno com declividade acentuada para o fundo (necessidade de bombeamento).

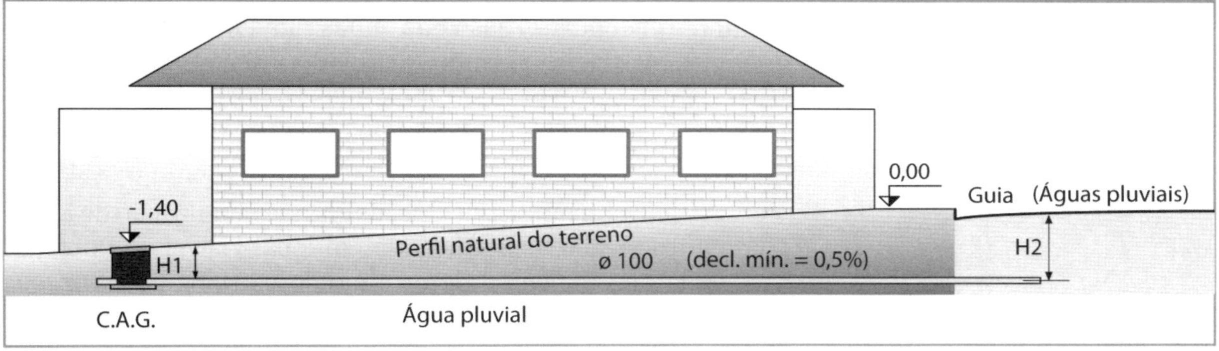

USO INADEQUADO DE ÁGUAS PLUVIAIS EM SISTEMAS PREDIAIS[*]

Em tempos de escassez, a utilização de águas de chuva em edificações é uma prática cada vez mais comum nas grandes cidades e regiões metropolitanas.

O sistema de aproveitamento de águas pluviais deve ser planejado durante a elaboração do projeto e chega a gerar uma economia de 30% da água fornecida pela empresa de abastecimento.

É importante ressaltar, porém, que a água da chuva deve ser armazenada em reservatório independente, pois não é indicada para o consumo. Deve ser armazenada, preferencialmente, em reservatórios subterrâneos, tipo cisternas.

[*] Fontes: CIOCCHI, Luiz. Para utilizar água de chuva em edificações. Téchne, São Paulo, Pini, n. 72, p. 48-51, mar. 2003.

COSTA, Danilo. Com todo o respeito, aproveite a natureza. Arquitetura & Construção, São Paulo, Abril, p. 74-77, nov. 2004.

ALVES, Wolney Castilho; Luciano Zanella; SANTOS, Maria Fernanda Lopes dos. Sistema de aproveitamento de águas pluviais para usos não potáveis. Téchne, São Paulo, Pini, n. 133, p. 100-104, abr. 2008.

O sistema predial de aproveitamento de água pluvial para usos domésticos não potáveis é formado pelos seguintes subsistemas ou componentes: captação, condução, tratamento, armazenamento, tubulações sob pressão, sistema automático ou manual de comando e utilização. Entende-se por usos domésticos não potáveis aqueles que não requerem características de qualidade tão exigentes quanto à potabilidade, tais como: a descarga de bacias sanitárias e mictórios, a limpeza de pisos e paredes, a rega de jardins, a lavagem de veículos e a água de reserva para combate a incêndio.

O funcionamento do sistema é bastante simples: as águas pluviais são captadas por meio de calhas, passam por um filtro, que separa de impurezas a água de chuva, e após a desinfecção seguem para a cisterna ou para o reservatório subterrâneo.

Depois, são bombeadas para um reservatório independente e, de lá, por gravidade, seguem para as descargas, irrigação e áreas externas. Não devem, porém, ser misturadas com a água potável destinada a alimentar torneiras de cozinha, filtros, chuveiros, banheiras e lavatórios, pois é inadequada para consumo humano.

Sempre que houver reúso das águas pluviais para finalidades não potáveis, inclusive quando destinado a lavagem de veículos ou áreas externas, deverão ser atendidas as normas sanitárias vigentes e as condições técnicas estabelecidas pelo órgão municipal responsável pela Vigilância Sanitária, visando:

- evitar o consumo indevido, definindo sinalização de alerta padronizada a ser colocada em local visível ao ponto de água não potável e determinando os tipos de utilização admitidos para a água não potável;

- garantir padrões de qualidade de água apropriados ao tipo de utilização previsto, definindo os dispositivos, processos e tratamentos necessários para a manutenção dessa qualidade;

- impedir a contaminação do sistema predial destinado à água potável proveniente da rede pública ou de sistema particular, sendo terminantemente vedada qualquer comunicação entre esse sistema e o sistema predial destinado à água não potável.

NORMAS TÉCNICAS

É fundamental consultar as normas técnicas brasileiras, caso o projetista queira se aprofundar no assunto. Os documentos relacionados a seguir são indispensáveis à aplicação do reúso das águas pluviais para finalidades não potáveis:

- NBR 15527:2019 – Água de chuva – aproveitamento de coberturas em áreas urbanas para fins não potáveis.
- NBR 10844:1989 – Instalações prediais de águas pluviais.
- NBR 12213:1992 – Projeto de captação de água de superfície para abastecimento público.
- NBR 12214:2020 – Projeto de estação de bombeamento ou de estação elevatória de água — Requisitos.
- NBR 12217:1994 – Projeto de reservatório de distribuição de água para abastecimento público.

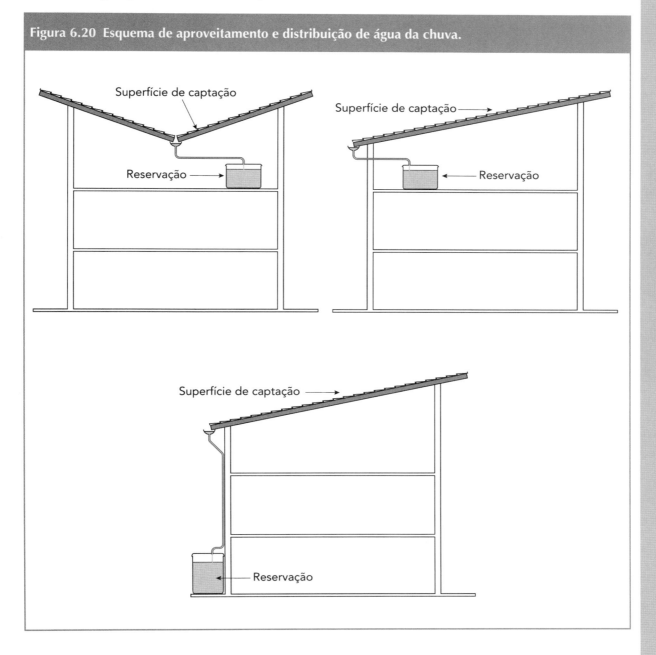

Figura 6.20 Esquema de aproveitamento e distribuição de água da chuva.

NORMA DE DESEMPENHO NBR 15575:2013 – PARTE 6: INSTALAÇÕES HIDROSSANITÁRIAS[1]

Marcelo Fabiano Costella

Gabriela Schneider de Sousa Bottega

Este capítulo tem por objetivo apresentar os aspectos gerais da norma de desempenho, as etapas do processo de projeto hidrossanitário e, em seguida, discutir os itens da Parte 6 da norma de desempenho, tendo em vista a atuação do projetista de instalações hidrossanitárias, para cada um dos requisitos do usuário.

A NORMA DE DESEMPENHO

O conjunto de normas denominado NBR 15575:2013 foi desenvolvido com a finalidade de estabelecer um padrão de desempenho mínimo nas edificações habitacionais, visando à qualidade e à inovação tecnológica na construção. Assim, o desempenho está relacionado às exigências dos usuários de edifícios habitacionais e seus sistemas quanto ao seu comportamento em uso, sendo uma consequência da forma como são construídos.

Este capítulo é baseado na NBR 15575:2013: Edificações Habitacionais – Desempenho, a qual será denominada Norma de Desempenho ao longo do texto. Essa norma está em vigor desde o ano de 2013 e é dividida em seis partes:

- Parte 1: Requisitos gerais;
- Parte 2: Requisitos para os sistemas estruturais;
- Parte 3: Requisitos para os sistemas de pisos;
- Parte 4: Requisitos para os sistemas de vedações verticais internas e externas;
- Parte 5: Requisitos para os sistemas de cobertura;
- Parte 6: Requisitos para os sistemas hidrossanitários.

---

[1] Este anexo foi escrito com base na Parte 6 da NBR 15575:2013, que foi escrita com base na NBR 5626:1998. Como a NBR 15575 ainda não foi atualizada, as informações aqui contidas não contemplam as recentes alterações incluídas na NBR 5626:2020.

A NBR 15575:2013 representa um avanço para a construção do Brasil, sendo que, a partir do conceito de comportamento em uso, inicia-se um pensamento em relação ao desempenho desde a concepção do projeto (LORENZI, 2013).

Para este livro, que apresenta as interfaces entre as instalações hidráulicas e o projeto de arquitetura, o principal interesse está relacionado com a Parte 6, a qual, oficialmente, é designada "Requisitos para os sistemas hidrossanitários".

A Parte 6, contudo, também possui relação com as demais partes da norma, as quais derivam as exigências do usuário da norma ISO 6241 e as utilizam como parâmetros para o estabelecimento dos requisitos e critérios. Tais requisitos do usuário estão presentes em cada uma das partes da norma, sendo doze no total:

1) segurança estrutural;
2) segurança contra o fogo;
3) segurança no uso e na operação;
4) estanqueidade;
5) desempenho térmico;
6) desempenho acústico;
7) desempenho lumínico;
8) saúde, higiene e qualidade do ar;
9) funcionalidade e acessibilidade;
10) conforto tátil e antropodinâmico;
11) durabilidade e manutenibilidade;
12) impacto ambiental.

Para cada requisito, a NBR 15575:2013 estabelece um nível de desempenho mínimo (M), intermediário (I) e superior (S). Enquanto o nível mínimo de desempenho é obrigatório, os demais consideram a possibilidade de melhoria da qualidade da edificação, por isso, quando da utilização dos níveis intermediário e superior de desempenho, estes devem ser informados e destacados em projeto.

Todavia, são poucos os requisitos que possuem indicação de níveis de desempenho intermediário e superior, somente os indicados em itens específicos, os quais, por exemplo, na Parte 6, se referem somente ao desempenho acústico relacionado aos ruídos gerados na operação de equipamentos hidrossanitários prediais, o que não é requisito obrigatório na versão da norma do ano de 2013.

AVALIAÇÃO DE DESEMPENHO

A avaliação de desempenho está resumida na Figura 7.1.

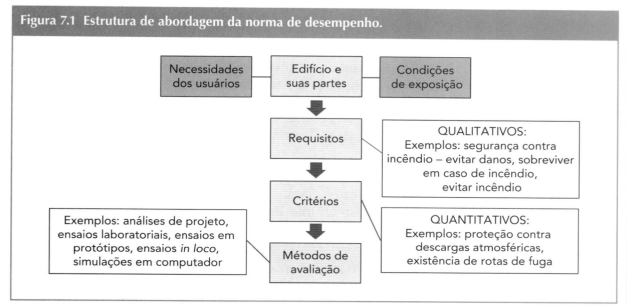

Figura 7.1 Estrutura de abordagem da norma de desempenho.

Fonte: Costella (2018).

A partir das necessidades dos usuários e das respectivas condições de exposição, o edifício e suas partes são projetados. Para isso, os requisitos de desempenho devem ser considerados, os quais são as exigências qualitativas dos usuários em relação ao desempenho da edificação. Em relação à Parte 6, um exemplo é o requisito 7.2, o qual trata das solicitações dinâmicas dos sistemas hidrossanitários, que não devem provocar golpes e vibrações que comprometam a estabilidade estrutural desses sistemas.

Já os critérios de desempenho são a forma quantitativa de expressar o requisito de desempenho. No mesmo exemplo, o critério 7.2.2 determina que o sistema hidrossanitário deve atender à pressão estática máxima estabelecida na NBR 5626:1998, que, por sua vez, estabelece o valor de 400 kPa.

Enfim, o método de avaliação de desempenho possui várias possibilidades, dentre as quais se destacam os ensaios laboratoriais, os ensaios de tipo, os ensaios em campo, as inspeções em protótipos ou em campo, as simulações e a análise de projetos. No exemplo em questão, o método de avaliação consiste em verificar em projeto o atendimento à NBR 5626:1998.

INCUMBÊNCIAS DOS INTERVENIENTES

Outro ponto de destaque são as incumbências dos intervenientes, as quais definem o papel de cada ente do processo de construção: fornecedor de materiais, projetista, construtor/incorporador e usuário.

O fornecedor de insumo, material, componente e/ou sistema deve caracterizar o desempenho de acordo com a norma, o que deveria incluir o prazo de vida útil do produto e os cuidados em sua operação e manutenção. Entretanto, esse tem sido um dos gargalos da aplicação da norma, uma vez que a maioria dos fabricantes tem dificuldade de atender a esse requisito.

O projetista deve estabelecer a vida útil de projeto (VUP) de cada sistema, especificando cada produto, material e processo, sendo que estes devem atender ao nível mínimo de desempenho. Nesse caso, recai uma grande responsabilidade sobre o projetista, pois a especificação é complexa e inclui a durabilidade, tendo em vista a necessidade de estabelecer a VUP.

O construtor e o incorporador devem identificar os riscos previsíveis na época do projeto e, junto com a equipe de projeto, definir os níveis de desempenho para cada elemento da construção. Ainda devem elaborar o manual de uso, operação e manutenção, com os prazos de vida útil (VUP) e de garantia superiores ou iguais aos citados na norma. Cabe destacar a necessidade de elaborar um plano detalhado e exequível de manutenção.

Já o usuário deve utilizar de forma correta a edificação, sem alterar nenhuma das características de projeto iniciais e, principalmente, realizar a manutenção de acordo com o manual de uso, operação e manutenção.

VIDA ÚTIL DE PROJETO

A vida útil é uma medida temporal de durabilidade de um edifício ou de suas partes – em outras palavras, a vida útil é a quantificação da durabilidade. A NBR 15575-1:2013 determina o tempo em que um edifício mantém o desempenho esperado por meio dos conceitos de "vida útil", "vida útil de projeto" e "vida útil requerida". Ao associar desempenho a vida útil e durabilidade, a norma trata não apenas do nível de qualidade da edificação, mas também do período durante o qual a edificação será capaz de manter esse nível de qualidade.

A vida útil (*service life*) é o período de tempo em que o edifício (seus sistemas e elementos) se presta às atividades para as quais foi projetado com atendimento aos níveis de desempenho mínimos previstos, considerando a correta execução do plano de manutenção especificado no manual de uso, operação e manutenção. Vida útil estimada (*predicted service life*) é o termo usado para definir a durabilidade prevista da edificação, a qual pode ser estimada a partir de dados históricos de desempenho do produto ou de ensaios de envelhecimento acelerado.

Vida útil de projeto (*design life*) é uma estimativa teórica de tempo para o qual um edifício é projetado, considerando que nesse período o desempenho do empreendimento atenda aos requisitos mínimos normativos. Esse tempo é estimado considerando os materiais usados na construção, o local em que será construído e o total atendimento ao plano de manutenção previsto no manual de uso, operação e manutenção.

A vida útil de projeto (VUP) pode ser entendida como uma expressão de caráter econômico, em que o usuário tem a opção de escolher pela melhor relação entre custo e tempo de usufruto do bem (o benefício). A norma ainda comenta que se podem escolher entre uma infinidade de técnicas e materiais ao projetar um sistema ou elemento. Enquanto alguns desses materiais, em conjunto com as técnicas adequadas, podem ter vida útil de projeto de vinte anos, outros não passam de cinco anos.

Nesse aspecto, os fabricantes precisam informar as características de desempenho dos seus produtos de modo compatível com as exigências de desempenho da norma, principalmente em relação à durabilidade. Além disso, a Norma de Desempenho menciona que para a VUP mínima poder ser atingida é necessário que os fabricantes de materiais e componentes que serão utilizados nas construções informem em documentação técnica as recomendações necessárias para a manutenção corretiva e preventiva.

Enfim, para obter um material confiável e de qualidade, não basta garantir suas características técnicas iniciais, é necessário também que esse material se comporte de maneira satisfatória ao longo de sua vida útil, ou seja, que tenha durabilidade adequada à sua proposta. Para os sistemas hidrossanitários, a VUP mínima é de vinte anos. Para complementar, a VUP também é apresentada para os seus subsistemas (Quadro 7.1).

É importante salientar que, conforme estabelecido na norma, os prazos de vida útil iniciam-se na data de conclusão da obra, representada pela expedição do Auto de Conclusão de Edificação, Habite-se ou outro documento legal.

Entretanto, para que essa vida útil possa ser atingida é fundamental que no manual de uso, operação e manutenção sejam definidos os processos de manutenção, bem como sua periodicidade. Esse manual deve ser entregue ao usuário, que deve cumprir as manutenções previstas.

Quadro 7.1 Exemplos de VUP dos componentes do sistema hidrossanitário

Parte da edificação	Exemplos	VUP (anos) Mínimo	VUP (anos) Intermediário	VUP (anos) Superior
Instalações prediais embutidas em vedações e manuteníveis somente por quebra das vedações ou revestimentos (inclusive forros falsos e pisos elevados não acessíveis)	Tubulações e demais componentes (inclui registros e válvulas) de instalações hidrossanitárias, de gás, de combate a incêndio, de águas pluviais, elétricos	20	25	30
	Reservatórios de água não facilmente substituíveis, redes alimentadoras e coletoras, fossas sépticas e negras, sistemas de drenagem não acessíveis e demais elementos e componentes de difícil manutenção e/ou substituição	13	17	20
	Componentes desgastáveis e de substituição periódica, como gaxetas, vedações, guarnições e outros	3	4	5
Instalações aparentes ou espaços de fácil acesso	Tubulações e demais componentes	4	5	6
	Aparelhos e componentes de instalações facilmente substituíveis, como louças, torneiras, sifões, engates flexíveis e demais metais sanitários, aspersores (*sprinklers*), mangueiras, interruptores, tomadas, disjuntores, luminárias, tampas de caixas, fiação e outros	3	4	5
	Reservatórios de água	8	10	12
Equipamentos funcionais manuteníveis e substituíveis (médio custo de manutenção)	Equipamentos de recalque, pressurização, aquecimento de água, condicionamento de ar, filtragem, combate a incêndio e outros	8	10	12

Fonte: adaptado de NBR 15575-1:2013 (ABNT).

Assim, a norma também estabelece o requisito da manutenibilidade, que pode ser definida como o grau de facilidade de um sistema, elemento ou componente de ser mantido ou recolocado no estado no qual possa executar suas funções requeridas, sob condições de uso especificadas, quando a manutenção é executada sob condições determinadas, procedimentos e meios prescritos (ABNT, 2013).

Nesse contexto, a manutenção não deve ser pensada apenas na pós-ocupação do edifício, mas deve ser pensada também pelo projetista, na etapa de projeto. Para Ramos (2010), o conceito de manutenção tem passado por alterações, não sendo mais um conjunto de ações, da forma mais econômica, para manter ou restabelecer um bem num determinado estado ou assegurando um determinado serviço. O conceito passa a ser mais abrangente, consistindo em um conjunto de ações ou tarefas executadas ao longo da vida útil do edifício que tem por finalidade repor sua operacionalidade nas melhores condições de qualidade, custo, segurança, conforto e bem-estar.

A manutenção de edifícios, de acordo com a NBR 14037:2011: Diretrizes para elaboração de manuais de uso, operação e manutenção das edificações – Requisitos para elaboração e apresentação dos conteúdos, é um "conjunto de atividades a serem realizadas para conservar ou recuperar a capacidade funcional da edificação e de suas partes a fim de atender às necessidades e segurança dos seus usuários".

As atividades de manutenção, bem como sua periodicidade, devem estar especificadas no manual de uso, operação e manutenção da edificação, que é regido pela NBR 14037:2011, a qual estabelece os requisitos mínimos para elaboração e apresentação dos conteúdos do manual, o qual deve ser elaborado pelo construtor e/ou incorporador e entregue ao usuário.

Ramos (2010) destaca que os aspectos de manutenção devem ser considerados durante a fase de projeto. A vida de um edifício compreende duas etapas: a primeira corresponde ao processo de produção do edifício, e a segunda é o uso do edifício. É na segunda etapa que se observa o desempenho do edifício e se avalia se este cumpre satisfatoriamente as finalidades para as quais foi concebido. Quanto aos custos dessas etapas, para um empreendimento com vida útil de cinquenta anos, as despesas relacionadas com as fases de concepção e execução representam em torno de 20% a 25% dos custos totais, enquanto a fase de exploração e manutenção corresponde de 75% a 80% dos custos.

O PROCESSO DE PROJETO DE SISTEMAS HIDROSSANITÁRIOS

O processo de projeto como um todo é essencial para a garantia da qualidade e do desempenho das edificações, bem como para a otimização dos processos construtivos (LIMA; ANDERY; VEIGA, 2016).

A Parte 6 da Norma de Desempenho apresenta uma lista de verificações para os projetos dos sistemas hidrossanitários, cujo atendimento consiste na comprovação de alguns critérios de desempenho. De acordo com esta lista, existem seis fases de projeto, conforme Quadro 7.2.

Quadro 7.2 Fases de projeto

Fase	Descrição
A	Concepção do produto
B	Definição do produto
C	Identificação e solução de interfaces
D	Projeto e detalhamento de especialidades
E	Pós-entrega dos projetos
F	Pós-entrega da obra

Fonte: adaptado de NBR 15575-6:2013 (ABNT).

As fases A e B são fases iniciais, sendo que a fase A compreende a análise das condicionantes locais e consultas às concessionárias de serviços públicos, e pode ser dividida em três etapas: levantamento de dados (LV); programa de necessidades (PN) e estudo de viabilidade (EV). Já a fase B compreende definição de ambientes e espaços técnicos, consultas às concessionárias de serviços públicos e assessoria para adoção de novas tecnologias, podendo ser subdividida em três etapas: estudo preliminar (EP); anteprojeto (AP) e projeto legal (PL).

As fases C e D consistem em projeto básico (PB) e projeto executivo (PE), respectivamente. A fase C compreende posicionamento de dispositivos e componentes hidráulicos, definição e *layout* de salas técnicas, traçado de tubulações hidráulicas principais e definição e *layout* de *shafts*. Já a fase D compreende dimensionamentos hidráulicos gerais, projeto e detalhamento de instalações localizadas, plantas de distribuição hidráulica, preparação de esquemas verticais da instalação, detalhamento de ambientes e centrais técnicas, elaboração de memoriais e especificações, elaboração de plantas de marcação de lajes, verificação da adequação e conformidade de elementos, sistemas e/ou componentes, detalhamento de montagem de instalação em *shafts*, marcação e especificação de suportes e elaboração de planilha de quantidades de materiais.

As fases E e F são as fases finais, sendo que a fase E compreende a apresentação do projeto, programa básico de acompanhamento da obra e esclarecimento de dúvidas. Já a fase F compreende atividades de avaliação e/ou assessoria e projetos de alterações.

Apesar das fases serem bem definidas, é comum a ausência do profissional da área de sistemas hidrossanitários nas fases iniciais de projeto, de concepção e definição da edificação, ou seja, as questões relativas a esses sistemas geralmente não são consideradas nessas fases. O trabalho de Lima, Andery e Veiga (2016) demostra esses resultados, os quais sugerem poucos avanços nas práticas de mercado relativas a esse aspecto nos últimos dez anos. Devido a essa falha nas fases iniciais, a especialidade de hidráulica elabora internamente a compatibilização dessa disciplina com as demais, concentrando estudos preliminares, anteprojeto e projeto básico em uma única etapa.

Os autores ainda identificaram em sua pesquisa que uma das principais dificuldades encontradas pelos projetistas e construtores quanto à NBR 15575:2013 é a obtenção de dados técnicos relativos à especificação de materiais e produtos, e também observaram que a maioria dos fornecedores ainda não oferece manuais técnicos com as informações completas para auxiliar os projetistas nessa especificação de materiais.

Além disso, a comunicação entre projetistas e fornecedores não é frequente. Como consequência, os projetistas, algumas vezes, especificam materiais e sistemas construtivos cujos detalhes técnicos e de instalação/utilização pouco conhecem (OKAMOTO; MELHADO, 2014).

Nesse cenário, Okamoto e Melhado (2014) levantaram algumas posturas favoráveis ao processo de projeto diante das exigências impostas pela Norma de Desempenho. As empresas incorporadoras/construtoras necessitam reavaliar as medidas de contratação de projetistas e fornecedores, de forma a garantir o atendimento das normas vigentes, contratar consultorias especializadas, para que procedimentos internos possam ser alterados na empresa, e realizar o planejamento para a realização de ensaios de caracterização de componentes e sistemas de edifícios já executados.

Já os projetistas necessitarão de treinamento e orientações acerca das exigências normativas e legais relativas à construção civil, e formar comitês internos para o estudo da Norma de Desempenho e de outras vigentes. Ademais, devem solicitar maior *feedback* às empresas contratantes em relação aos projetos desenvolvidos, ao mesmo tempo que passa a alertá-las mais frequentemente sobre alterações no produto tendo em vista as novas exigências.

Os fornecedores de materiais e sistemas construtivos deverão realizar ensaios para melhor caracterizarem seus produtos, fornecendo mais informações que norteiem as tomadas de decisão de projetistas e construtores/incorporadores, além de realizar treinamentos com projetistas e incorporadoras/construtoras, auxiliando-os na especificação de seus produtos. Além disso, exige-se mais informações técnicas também para os usuários, descritas em embalagens e manuais dos usuários (OKAMOTO; MELHADO, 2014).

NORMA DE DESEMPENHO EM INSTALAÇÕES HIDROSSANITÁRIAS

Na Parte 6 da Norma de Desempenho são apresentados os requisitos e critérios de desempenho para os sistemas hidrossanitários, compreendendo os sistemas prediais de água fria e água quente, de esgoto sanitário e ventilação e de águas pluviais.

Em termos de referências normativas, as seis partes da NBR 15575:2013 possuem mais de duzentas normas referenciadas, sendo a maioria de normas nacionais. Na Parte 6 são mencionadas 68 normas, das quais 65 são nacionais e 3 internacionais.

Dentre os doze requisitos do usuário apresentados ao longo da norma, na Parte 6 não são estabelecidos critérios para os requisitos de desempenho térmico e desempenho lumínico, pois estes não se aplicam a sistemas hidrossanitários, enquanto o requisito de desempenho acústico é apresentado em caráter não obrigatório. Portanto, para sistemas hidrossanitários há nove requisitos a serem atendidos obrigatoriamente. Vale ainda ressaltar que nessa parte são estabelecidos apenas os níveis mínimos (M) de desempenho, sendo que somente para o requisito de desempenho acústico há as opções de nível mínimo (M), intermediário (I) ou superior (S).

Para os nove requisitos a serem atendidos existem, ao todo, 42 critérios de desempenho, alguns dos quais não são específicos de sistemas hidrossanitários, como é o caso do critério de extintores de incêndio. A seguir serão apresentados os principais critérios de incumbência do projetista de sistemas hidrossanitários.

SEGURANÇA ESTRUTURAL

REQUISITO – RESISTÊNCIA MECÂNICA DOS SISTEMAS HIDROSSANITÁRIOS E DAS INSTALAÇÕES

Critério – Tubulações suspensas

O sistema de fixação das tubulações suspensas, bem como as próprias tubulações, aparentes ou não, devem resistir a um peso cinco vezes maior que o peso próprio da tubulação cheia de água, além de não apresentar deformações maiores que 0,5% do vão. O método de avaliação indicado é um ensaio de tipo realizado em laboratório ou campo, aplicando-se as cargas mencionadas no ponto médio entre dois fixadores e/ou suportes ancorados conforme indicação em projeto e verificando se houve colapso ou deformação da tubulação após trinta minutos.

Figura 7.2 Ensaio de resistência mecânica de tubulações suspensas.

Algumas recomendações genéricas já eram apresentadas na NBR 5626:1998, como o item 5.6.4, que recomendava que o espaçamento entre suportes, ancoragens ou apoios deveria ser adequado, garantindo níveis de deformação compatíveis com os materiais empregados, e que os materiais e formatos dessas peças deveriam ser escolhidos de forma a não propiciar efeitos deletérios sobre as tubulações por eles suportadas.

Além disso, acerca de fixadores, a NBR 8160:1999, no Anexo E, recomenda que o intervalo entre os dispositivos fixadores deve ser tal que não provoque trechos passíveis de acumulação de esgoto e ou contradeclividades, devendo garantir a declividade da tubulação.

Entende-se que esse critério é de responsabilidade tanto do construtor quanto do projetista de instalações. O construtor deve realizar o ensaio de forma a validar o sistema de ancoragem utilizado. Porém, cabe ao projetista fazer a especificação do tipo de suportes e das distâncias entre eles, respeitando ainda as indicações do fabricante para cada diâmetro de tubulação.

Critério – Tubulações enterradas

As tubulações enterradas devem manter sua integridade. A avaliação desse critério consiste em verificar a existência de berços e envelopamentos no projeto hidrossanitário, com base em cálculos que devem constar no projeto ou em literaturas específicas.

Esse critério já era apresentado no item 5.6.5 da NBR 5626:1998, o qual define que, além de resistir à ação dos esforços solicitantes resultantes de cargas de tráfego, também as tubulações enterradas devem ser protegidas contra corrosão. Ressalta-se que essa medida será necessária se o material da tubulação for passível de sofrer corrosão.

Além disso, a NBR 5626:1998 recomenda que as valas para assentamento das tubulações sejam distanciadas em, pelo menos, 50 cm dos elementos estruturais. Se a tubulação contiver registro de fechamento ou de utilização, deve-se prever acesso para manobras na superfície, como uma caixa de proteção, por exemplo.

No Anexo E da NBR 8160:1999 há recomendações quanto ao assentamento de tubulações em valas, como remoção de materiais perfurantes e lama, e ancoragens que resistam às possíveis solicitações do solo, tráfego externo, entre outras.

Critério – Tubulações embutidas

As tubulações embutidas não devem sofrer esforços externos que venham a danificá-la ou comprometer a estanqueidade ou o fluxo. A avaliação desse critério consiste em verificar no projeto se existem, nos pontos de transição (parede × piso, parede × pilar etc.), dispositivos que assegurem que os esforços não sejam transmitidos à tubulação e, portanto, a responsabilidade de apresentar essas soluções é do projetista.

Embora este critério não seja bem esclarecido na norma, é possível associá-lo às especificações já apresentadas na NBR 8160:1999 e NBR 5626:1998. De acordo com o item E.4 do Anexo E da NBR 8160:1999, as tubulações devem ser fixadas de forma que não sofram danos causados pela movimentação da estrutura ou por outras solicitações mecânicas. Assim, o método de fixação das instalações deve considerar os movimentos causados por variação de temperatura. Quando as tubulações atravessam paredes ou pisos, devem ser protegidas por material que absorva as movimentações.

Semelhantemente, os itens 5.6.2 e 5.6.3 da NBR 5626:1998 especificam que, nos casos de passagem por paredes ou pisos, deve-se permitir a movimentação da tubulação em relação às próprias paredes ou pisos pelo uso de camisas ou outro meio, igualmente eficaz, devendo-se preservar a integridade física e funcional das tubulações frente aos deslocamentos previstos das paredes ou dos pisos. No caso de tubulações recobertas, instaladas em dutos, estas devem ser fixadas ou posicionadas por meio da utilização de anéis, abraçadeiras, grampos ou outros dispositivos.

A Figura 7.3 apresenta uma situação que não atende a esse critério, pois não há possibilidade de movimentação da tubulação.

Figura 7.3 Tubulação de esgoto sem possibilidade de movimentação.

Critério – Altura manométrica máxima

O sistema hidrossanitário deve atender ao critério de pressão estática máxima estabelecido na NBR 5626:1998, cujo valor é de 400 kPa (40 mca). A avaliação desse critério consiste na análise do projeto hidrossanitário, sendo o projetista de instalações o responsável por atender à NBR 5626:1998 e declarar tal atendimento em projeto.

Deve-se atentar para este critério principalmente em edifícios altos, a fim de evitar problemas de excesso de pressão que podem ocasionar o rompimento de engates flexíveis, vazamentos, desconforto ao usuário, entre outros.

Para esses casos, podem ser utilizadas válvulas redutoras de pressão (VRP), porém sua adoção deve ser feita ainda em fase de projeto, pois adaptações em edifícios já consolidados causam transtornos aos usuários devido às reformas, além de custos financeiros.

REQUISITO – SOLICITAÇÕES DINÂMICAS DOS SISTEMAS HIDROSSANITÁRIOS

Critério – Sobrepressão máxima quando da parada de bombas de recalque

A velocidade do fluído deve ser inferior a 10 m/s. A avaliação compreende uma análise do projeto, sendo o projetista de instalações o responsável por prever velocidade compatível, a qual deve declarar em projeto. Para tal, deve-se especificar tubulações de diâmetros compatíveis com a vazão de recalque, além de uma motobomba de potência adequada.

Este critério não é muito claro, pois refere-se à sobrepressão máxima na parada de bombas de recalque, mas apresenta critério quanto à velocidade do fluído na tubulação, embora esses parâmetros tenham relação.

Entende-se que o principal objetivo é evitar o incômodo causado pelo ruído excessivo. Não existe um parâmetro exato na NBR 5626:1998, mas os itens C.5 e 5.2.9 mencionam a ocorrência de ruídos em bombas, os quais devem ser evitados.

SEGURANÇA CONTRA INCÊNDIO

REQUISITO – EVITAR PROPAGAÇÃO DE CHAMAS ENTRE PAVIMENTO

Critério – Evitar propagação de chamas entre pavimento

As prumadas de esgoto sanitário e ventilação, quando aparentes, fixadas em alvenaria ou no interior de *shafts*, devem ser de material não propagante.

A avaliação deste critério se dá por meio de análise de projeto, no qual o projetista deve especificar tubulações de material não propagante, informação que deve ser fornecida pelo fabricante.

De acordo com Nunes (2006), as formulações do PVC rígido são resistentes à ignição e propagação de chamas. A combustão ocorre quando a fonte de calor é aplicada permanentemente no material, porém, quando retirada a fonte de calor, a combustão é interrompida, podendo ser considerado autoextinguível.

Este critério refere-se especificamente aos materiais das tubulações, que não devem propagar chamas. Porém, além disso, deve-se prever elementos que impeçam a propagação do incêndio pelos *shafts*. Essa especificação, que se aplica aos sistemas hidrossanitários, consta da Parte 3, intitulada Requisitos para sistemas de piso, da norma NBR 15575:2013, referente ao sistema de pisos, nos critérios 8.3.3, 8.3.5 e 8.3.9.

O critério 8.3.3 estabelece que as aberturas existentes nos pisos para prumadas elétricas e hidráulicas devem ser providas de selagem corta-fogo (Figura 7.4).

Figura 7.4 Exemplos de selagem corta-fogo em aberturas de paredes e pisos.

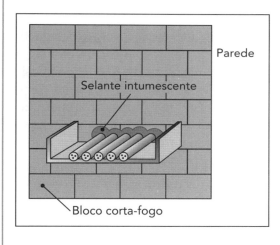 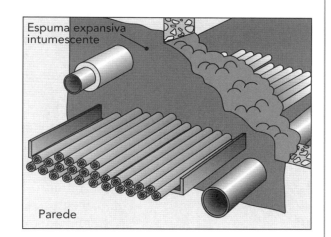

Fonte: adaptada de Hilti (2019).

Semelhantemente, o critério 8.3.5 indica que as tubulações de materiais poliméricos com diâmetro superior a 40 mm passantes no piso devem receber selagem capaz de fechar o vazio deixado pelo tubo ao ser consumido pelo fogo. Essa selagem pode ser substituída por prumadas enclausuradas, as quais devem ser dotadas de paredes corta-fogo com resistência ao fogo idêntica à do piso, conforme o critério 8.3.9.

Não há exigência da norma para o projetista de instalações hidrossanitárias quanto às especificações de selagem corta-fogo nessas instalações. Entretanto, é importante que este faça a declaração em projeto, indicando sua necessidade.

SEGURANÇA NO USO E OPERAÇÃO

REQUISITO – RISCO DE CHOQUES ELÉTRICOS E QUEIMADURAS EM SISTEMAS DE EQUIPAMENTOS DE AQUECIMENTO E EM ELETRODOMÉSTICOS OU ELETROELETRÔNICOS

Critério – Corrente de fuga em equipamentos

Os equipamentos elétricos devem atender às prescrições da NBR 12090:2016 e NBR 14016:2015, as quais estabelecem os métodos de ensaio para determinação de corrente de fuga em chuveiros elétricos e aquecedores instantâneos e torneiras elétricas, respectivamente, limitando-se a corrente de fuga para outros aparelhos a 15 mA. Como método de avaliação, indica-se um ensaio conforme essas normas, o qual se entende que deve ser realizado pelo fornecedor, cujo laudo deve ser exigido pelo construtor.

Entretanto, é comum que as construtoras não forneçam os equipamentos, sendo estes de responsabilidade do usuário. Assim, não é definido se essa condição deve ser especificada pelo projetista de instalações hidrossanitárias ou elétricas, mas deve constar no manual de uso, operação e manutenção (manual do usuário).

Critério – Dispositivo de segurança em aquecedores elétricos de acumulação

Os aquecedores elétricos de acumulação devem ser providos de dispositivo de alívio de sobrepressão e de dispositivo de segurança que corte a alimentação de energia em caso de superaquecimento.

O método de avaliação indicado na norma consiste em uma verificação da existência desse dispositivo na especificação do aparelho. Ou seja, entende-se que a responsabilidade é do projetista do hidrossanitário na especificação do aparelho, seja a instalação por parte da construtora ou do proprietário, o qual deverá buscar essas informações junto ao fabricante.

REQUISITO – RISCO DE EXPLOSÃO, QUEIMADURAS OU INTOXICAÇÃO POR GÁS

Critério – Dispositivos de segurança em aquecedores de acumulação a gás

Os aquecedores de acumulação a gás devem ser providos de dispositivo de alívio de sobrepressão e dispositivo de segurança que corte a alimentação do gás em caso de superaquecimento. A avaliação indicada pela norma consiste em duas etapas: verificação da existência desse dispositivo na especificação do aparelho e inspeção na etiqueta do aquecedor.

Entende-se que, na primeira etapa, a responsabilidade é do projetista de instalações hidrossanitárias, que deve especificar um aparelho adequado, cuja comprovação se dá no memorial descritivo dos sistemas. Já na segunda, a responsabilidade é do construtor, que deve comprovar a existência do dispositivo por meio de relatório de inspeção.

Entretanto, muitas vezes as construtoras não fornecem esses equipamentos, que ficam sob responsabilidade do usuário. Assim, é mais coerente considerar o atendimento ao critério mediante a especificação do aparelho pelo projetista.

Nesse sentido, em Santa Catarina, a Instrução Normativa 08 (IN 08) do Corpo de Bombeiros Militar (2018), exige a instalação dos aquecedores de acumulação ou passagem a gás de exaustão natural no momento da vistoria de habite-se. Entretanto, em seu art. 71, indica que se os aquecedores forem do tipo de exaustão forçada ou fluxo balanceado, não é obrigatória sua instalação por parte da construtora, mas esta deve fixar placa informativa com recomendações de instalação e especificações do aparelho, como vazão (l/min) e potência (kcal/min). Ademais, em seu art. 72, ainda especifica que, no ato da vistoria, deve ser apresentada cópia do manual do proprietário, contendo as orientações e especificações de instalação dos aquecedores a gás.

REQUISITO – TEMPERATURA DE UTILIZAÇÃO DA ÁGUA

Critério – Temperatura de aquecimento

O sistema de mistura de água fria, regulagem de vazão e outras técnicas deve permitir a regulagem da temperatura da água no ponto de utilização no limite de 50 °C. Para a avaliação, os equipamentos devem atender a essa condição quando ensaiados, conforme NBR 12090:2016, NBR 14011:2015 e NBR 14016:2015, e o projeto deve atender à NBR 7198:1993. Assim, supõe-se que a responsabilidade de ensaiar os aparelhos é do fornecedor e a responsabilidade de atender à NBR 7198:1993 é do projetista do hidrossanitário.

Em relação ao projeto, consta do item 5.3 da NBR 7198:1993 que é obrigatória a instalação de misturadores se houver a possibilidade de a água fornecida no ponto de utilização ultrapassar 40 °C.

Quanto aos ensaios, a NBR 12090:2016 se refere à determinação de corrente de fuga em chuveiros elétricos, enquanto a NBR 14011:2015 e a NBR 14016:2015 referem-se aos requisitos e determinação de corrente de fuga em aquecedores instantâneos e torneiras elétricas. Não são mencionadas normas referentes a outros sistemas de aquecimento, como os aquecedores a gás do tipo passagem e acumulação, ou ainda aquecedores solares. Desse modo, não há clareza quanto aos sistemas contemplados, se somente sistemas elétricos ou todos.

Além disso, há certa subjetividade em relação à temperatura máxima de 50 °C: não fica claro se ela vale para o ponto de consumo ou para os próprios equipamentos, tendo em vista que a avaliação consiste em ensaios nos aparelhos. É importante lembrar que a água perde calor ao longo da tubulação, fato que coloca em dúvida a limitação da temperatura nos aparelhos. Aliás, a NBR 8130:2004 especifica a temperatura máxima da água no valor de 80 °C na saída de aquecedores de passagem a gás, sendo que muitos aquecedores disponíveis no mercado possibilitam a regulagem de temperatura de até 70 °C.

DURABILIDADE E MANUTENIBILIDADE

REQUISITO – VIDA ÚTIL DE PROJETO DAS INSTALAÇÕES HIDROSSANITÁRIAS

Critério – Vida útil de projeto

As instalações hidrossanitárias devem manter a capacidade funcional durante a vida útil de projeto, considerando intervenções periódicas de manutenção e conservação.

Os valores de VUP estão previstos na Tabela C.5 da Parte 13 da NBR 15575:2013; para o sistema hidrossanitário esse valor é de no mínimo 20 anos para atender ao desempenho mínimo (M), 25 anos para atender ao nível de desempenho intermediário (I) e 30 anos para o nível superior (S). A responsabilidade de especificar a VUP é do projetista, bem como a periodicidade de manutenções e substituições a fim de atingir os valores da VUP. Porém, a decisão da VUP deve ser tomada em conjunto com o construtor.

Destaca-se que, para atender aos valores previstos, é imprescindível o emprego de componentes e materiais de qualidade compatível com a VUP estabelecida, execução de técnicas e métodos que possibilitem a obtenção da VUP, atendimento dos programas de manutenção, atendimento aos cuidados preestabelecidos para o correto uso da edificação e uso conforme as condições previstas no projeto.

Neste critério é estabelecida uma premissa de projeto pela Norma de Desempenho, a qual indica que, em virtude da complexidade e variedade dos componentes do sistema hidrossanitário, considerando ainda que a vida útil também é função da agressividade do meio ambiente e das características intrínsecas dos materiais e dos solos, os componentes podem apresentar vida útil menor do que as estabelecidas para o sistema hidrossanitário como VUP. Assim, no projeto deve constar o prazo de substituição e manutenções periódicas pertinentes. Na Tabela C.6 da Parte 1 da NBR 15575:2013 são apresentados alguns exemplos de VUP dos componentes da edificação a fim de atender aos níveis de desempenho, sendo alguns referentes aos sistemas hidrossanitários.

Este critério é um dos mais difíceis de se cumprir, pois, para determinar a VUP dos sistemas hidrossanitários, o projetista precisa de dados de vida útil de cada componente do sistema, para que possa determinar os prazos de manutenção e substituição. Porém, os fabricantes, em sua maioria, não apresentam esses dados. É necessário que estes realizem testes em seus produtos e passem a disponibilizar claramente essas informações.

Critério – Projeto e execução das instalações hidrossanitárias

A qualidade do projeto e da execução dos sistemas hidrossanitários deve atender às normas brasileiras vigentes. A norma sugere a aplicação da lista de verificações anexa à própria norma, segundo a qual o projetista deve atender de forma objetiva aos conteúdos e produtos gerados em cada fase de projeto, da fase A à fase F.

A responsabilidade do atendimento a esse critério é do projetista, que deve apresentar em projeto a declaração do atendimento às normas vigentes para cada sistema considerado.

O conteúdo da lista de verificações da norma também é apresentado no Manual de Escopo de Projeto e Serviços de Instalações Hidráulicas da ABRASIP (2012), e consiste em uma sequência de atividades, organizadas em fases bem definidas e que permitem determinar cronogramas, medições e outras etapas. O documento fornece orientações para o desenvolvimento do projeto completo, sendo um importante guia para o projetista e o empreendedor e/ou construtor.

Critério – Durabilidade dos sistemas, elementos, componentes e instalações

Os elementos, componentes e instalações dos sistemas hidrossanitários devem possuir durabilidade compatível com a VUP. A norma indica que se siga o disposto na seção 14 da Parte 1 (ABNT, 2013), a qual determina que o projeto deve especificar a VUP para cada sistema. Além disso, o critério 14.2.3 da Parte 1 descreve algumas formas de avaliação da durabilidade dos componentes. Basicamente, estas são:

a) por meio do atendimento às normas relacionadas com a durabilidade, por exemplo a NBR 6118:2014, que trata do projeto de estruturas de concreto armado;

b) pela comprovação da durabilidade dos elementos e sua correta utilização conforme normas associadas a eles e que tratam de sua especificação, aplicação e ensaios, como a NBR 5649:2006, sobre os requisitos de reservatórios de fibrocimento;

c) por meio de normas estrangeiras;

d) por meio de análise de campo de inspeção em protótipos;

e) pela análise dos resultados obtidos em ensaios eficazes.

Quanto à alternativa b, a Norma de Desempenho cita o exemplo da NBR 5649:2006, porém esta não apresenta dados temporais de durabilidade, apenas especifica os critérios para sua correta fabricação e utilização. Sendo assim, não é possível entender como se dá a comprovação da durabilidade por essa norma.

Entretanto, entende-se que é responsabilidade do projetista de instalações especificar em projeto a durabilidade dos componentes, necessitando, para isso, do fornecimento de dados dos fabricantes. Além disso, é importante que o construtor exija do fornecedor o documento que comprove a durabilidade de seu produto, principalmente para componentes mais específicos e de custo elevado, como reservatórios, bombas, válvulas redutoras de pressão etc.

REQUISITO – MANUTENIBILIDADE DAS INSTALAÇÕES HIDRÁULICAS, DE ESGOTO E DE ÁGUAS PLUVIAIS

Critério – Inspeções em tubulações de esgoto e águas pluviais

Devem ser previstos dispositivos de inspeção, como caixas e outras peças de inspeção, nas tubulações de esgoto e de águas pluviais, conforme descrito na NBR 8160:1999 e na NBR 10844:1989, respectivamente. É de responsabilidade do projetista especificar esses dispositivos no projeto hidrossanitário.

De acordo com a NBR 8160:1999, o interior das tubulações, embutidas ou não, deve ser acessível por meio de caixas ou dispositivos de inspeção, destinadas a inspeção, desobstrução, junção, mudança de declividade e/ou tubulações.

Nesse contexto, embora não seja uma exigência, nem prática comum, é recomendável a execução de *shafts* visitáveis, os quais facilitam eventuais reparos.

Critério – Manual de operação, uso e manutenção das instalações hidrossanitárias

O fornecedor do sistema hidrossanitário deve especificar todas as suas condições de uso, operação e manutenção, incluindo o projeto *as built* (como construído). A avaliação desse critério consiste em verificar essas especificações no manual de uso, operação e manutenção, também denominado manual do usuário, cuja responsabilidade de elaboração é do construtor. Porém, é de responsabilidade dos projetistas disporem todas as informações e especificações necessárias para sua elaboração.

A ausência ou insuficiência de especificação das condições de uso, operação e manutenção pode acarretar falhas de manutenção pelo usuário, as quais, por sua vez, podem gerar manifestações patológicas. Nesse sentido, recomenda-se fortemente que o projetista forneça informações mais específicas, por exemplo: procedimento e periodicidade da limpeza de caixas de gordura; procedimento e periodicidade da limpeza de calhas; vazão dos aparelhos instantâneos de aquecimento a gás, a fim de orientar a compra do aparelho; limpeza de caixas sifonadas; reposição de água em caixas sifonadas pouco utilizadas para manter o fecho hídrico.

SAÚDE, HIGIENE E QUALIDADE DO AR

REQUISITO – CONTAMINAÇÃO BIOLÓGICA DA ÁGUA NA INSTALAÇÃO DE ÁGUA POTÁVEL

Critério – Independência do sistema de água

A norma apresenta dois critérios neste item. Primeiramente, indica que o sistema de água potável deve ser separado fisicamente de qualquer outra instalação que conduza água não potável de qualidade insatisfatória, desconhecida ou questionável. Posteriormente, indica que os componentes do sistema não podem transmitir substâncias tóxicas à água por meio de metais pesados, causando dúvidas.

O método de avaliação proposto é a verificação do projeto quanto ao atendimento às normas referentes as tubulações, como as normas de fabricação de PVC, PPR, CPVC, cobre, PEX e registros. Deve-se mencionar em projeto a utilização de componentes e materiais que assegurem essa condição.

Percebe-se que o segundo critério não trata da independência do sistema de água e que os critérios apresentados são distintos, dificultando sua compressão. Quanto à especificação de independência do sistema de água, esta é mencionada na NBR 5626:1998 no item 5.2.1.3, prescrevendo que se deve evitar conexão cruzada de redes distintas.

De acordo com a NBR 5626:1998, conexão cruzada consiste em qualquer ligação física em uma peça, dispositivo ou outro arranjo que conecte duas tubulações, das quais uma conduz água potável e a outra não. Uma tal ligação pode permitir que a água escoe de uma tubulação para a outra, dependendo do diferencial de pressão entre elas.

Critério – Risco de estagnação da água

Os componentes da instalação hidráulica não podem permitir o empoçamento de água ou a estagnação por falta de renovação. A avaliação consiste no atendimento às normas de fabricação e ensaios de tanques, pias de cozinhas e válvulas, de responsabilidade do fornecedor, cujos laudos devem ser exigidos pelo construtor.

Com base no método de avaliação proposto, a norma refere-se ao risco de empoçamento de águas nos aparelhos sanitários. Entretanto, há riscos de estagnação da água no próprio sistema de água potável, como nos reservatórios, cujos formatos em alguns casos podem possibilitar a formação de zonas de estagnação.

A NBR 5626:1998 estabelece no item 5.2.5.5 que se deve evitar o risco de ocorrência de zonas de estagnação dentro do reservatório, recomendando que, no caso de reservatórios longos, a entrada e a saída sejam opostas. Além disso, no caso de a reserva técnica de incêndio ser armazenada junto ao volume de consumo, deve-se assegurar a recirculação total da água armazenada.

Este critério baseia-se no princípio da contaminação biológica da água potável. Entretanto, é importante considerar que a estagnação de água nas instalações de esgoto e águas pluviais também pode apresentar riscos, como no caso de caixas sifonadas instaladas em locais de uso não frequente, situação em que a falta de renovação da água é propícia para o surgimento de focos de mosquitos da dengue, devendo-se adotar soluções para sua renovação, ou recomendar ao usuário a aplicação de telas protetoras e a renovação da água.

REQUISITO – CONTAMINAÇÃO DA ÁGUA POTÁVEL DO SISTEMA PREDIAL

Critério – Tubulações e componentes de água potável enterrados

Os componentes do sistema enterrados devem ser protegidos contra entrada de animais ou corpos estranhos e líquidos que possam contaminar a água potável. Para tal, o projetista deve atender a todos os critérios de projeto descritos na NBR 5626:1998 e NBR 8160:1999, por exemplo respeitar as distâncias do alimentador predial das fontes poluidoras como sumidouros, valas de infiltração etc., e evitar soluções com reservatório enterrado, pois o contato das paredes do reservatórios com o solo pode contaminar a água.

REQUISITO – CONTAMINAÇÃO POR REFLUXO DE ÁGUA

Critério – Separação atmosférica

Com o objetivo de evitar refluxo da água, deve ser prevista separação atmosférica, podendo ser adotada a separação atmosférica padronizada ou outros dispositivos. A avaliação desse critério consiste na análise do projeto hidrossanitário, o qual deve atender à NBR 5626:1998, sendo portanto de responsabilidade do projetista.

A NBR 5626:1998 define separação atmosférica como separação física, cujo meio é preenchido com ar, entre o ponto de utilização ou suprimento e o nível de transbordamento do reservatório ou aparelho. Ou seja, consiste na distância vertical entre a saída da água da peça de utilização e o nível de transbordamento do aparelho sanitário, ou reservatório.

Essa medida visa proteger o ponto de utilização, preservando a potabilidade da água no interior das tubulações, evitando assim a retrossifonagem, a qual consiste no refluxo de água do reservatório ou aparelho sanitário para o interior da tubulação devido à sua pressão ser inferior à atmosférica.

O refluxo de água servida para dentro das tubulações provoca a contaminação de toda a instalação de água potável. Esse fenômeno costuma ocorrer em aparelhos sanitários que possuem a entrada de água potável abaixo do nível de transbordamento.

A NBR 5626:1998, no item 5.4.3, indica como dispositivo mais efetivo de prevenção ao refluxo a separação atmosférica padronizada (Figura 7.5). No caso de reservatórios, esta consiste na diferença de cota entre a tubulação de alimentação e o nível máximo de água (nível do extravasor), ou seja, a tubulação de alimentação sempre deverá estar acima do extravasor, respeitando a distância "s".

Figura 7.5 Separação atmosférica padronizada.

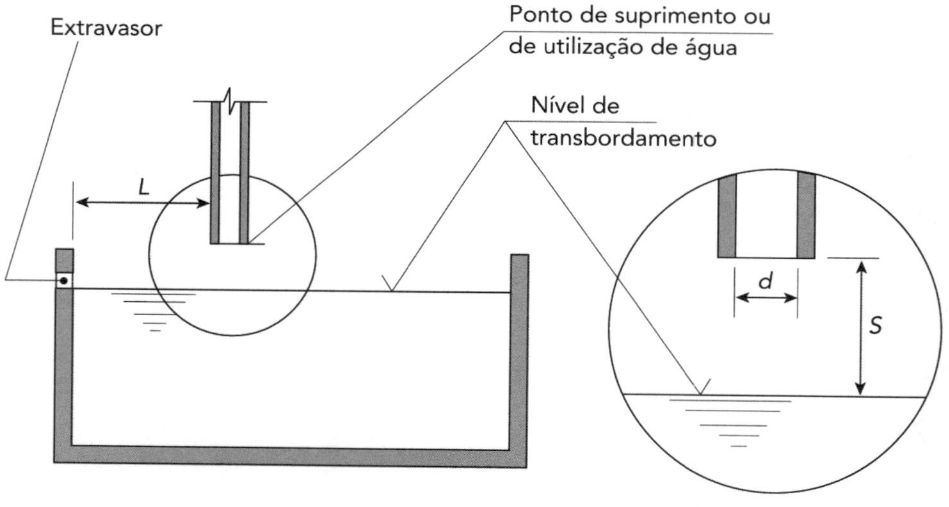

d – Diâmetro interno do ponto de suprimento ou utilização de água

S – Separação atmosférica

L – Distância mínima entre o ponto de suprimento ou de utilização de água e qualquer obstáculo próximo a ele

$L_{mín.} = 3\,d$

Altura mínima da separação atmosférica	
d mm	$S_{mín.}$ mm
$d \leq 14$	20
$14 < d \leq 21$	25
$21 < d \leq 41$	70
$41 < d$	$2\,d$

Fonte: NBR 5626:1998 (ABNT).

REQUISITO – AUSÊNCIA DE ODORES PROVENIENTES DA INSTALAÇÃO DE ESGOTO

Critério – Estanqueidade aos gases

O sistema de esgoto sanitário deve ser projetado de forma que não ocorra retrossifonagem ou rompimento do fecho hídrico. Para tanto, o projetista deve atender à NBR 8160:1999, na qual são especificadas as condições de ventilação para a instalação de esgoto, apresentando tal declaração no projeto.

A NBR 8160:1999 estabelece que o subsistema de ventilação pode ser previsto apenas com ventilação primária e, na insuficiência desta, com ventilação primária mais ventilação secundária. A ventilação primária é proporcionada pelo ar que escoa no tubo de queda em porção seca, que é prolongado até a atmosfera, constituindo a tubulação de ventilação primária. A ventilação secundária consiste na adoção de ramais e colunas de ventilação que interligam os ramais de descarga ou de esgoto à ventilação primária, prolongados acima da cobertura.

De acordo com os resultados de pesquisas, o retorno de odores é uma das manifestações patológicas mais recorrentes nos sistemas hidrossanitários. Uma das razões para tal manifestação patológica é o não atendimento a esses critérios de projeto no subsistema de ventilação de esgoto, previstos na NBR 8160:1999.

O fecho hídrico, presente nos desconectores dos aparelhos, consiste em uma lâmina de água de, no mínimo, 5 cm destinada à proteção dos aparelhos contra o retorno de odores e insetos, sendo que são considerados desconectores as caixas sifonadas e os sifões.

O rompimento do fecho hídrico em uma caixa sifonada, por exemplo, pode ocorrer na ausência de instalação inadequada dos ramais de ventilação, conforme indicado na Figura 7.6. A NBR 8160:1999 estabelece a distância mínima de 2 DN entre a saída de um desconector e um tubo ventilador, e distâncias máximas de acordo com o diâmetro do ramal de esgoto.

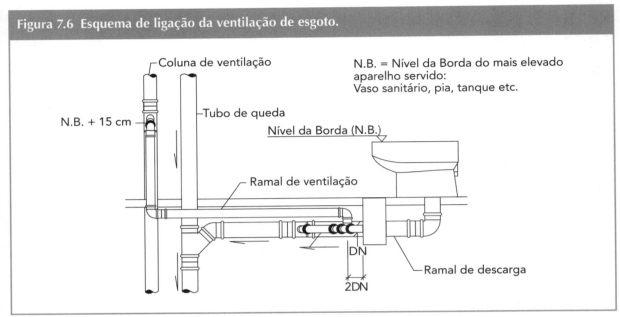

Figura 7.6 Esquema de ligação da ventilação de esgoto.

Fonte: NBR 8160:1999 (ABNT).

FUNCIONALIDADE E ACESSIBILIDADE

REQUISITO – FUNCIONAMENTO DAS INSTALAÇÕES DE ÁGUA

Critério – Dimensionamento da instalação de água fria e quente

O sistema predial de água fria e quente deve fornecer água na pressão, vazão e volume compatíveis com o uso, considerando a possibilidade de uso simultâneo. A avaliação consiste em uma análise de projeto, no qual o projetista deve atender à NBR 5626:1998 e à NBR 7198:1993.

REQUISITO – FUNCIONAMENTO DAS INSTALAÇÕES DE ESGOTO

Critério – Dimensionamento da instalação de esgoto

O sistema predial de esgoto deve coletar e afastar o esgoto da edificação, em vazões adequadas, sem que haja transbordamento, acúmulo na instalação, contaminação do solo ou retorno a aparelhos não utilizados. Para a avaliação, indica-se uma análise de projeto, no qual o projetista deve atender às normas referentes ao sistema de esgoto: NBR 8160:1999, NBR 7229:1993 e NBR 13969:1997.

Ressalta-se que, apesar de não mencionado diretamente na Norma de Desempenho, o projetista deve atentar para soluções que evitem o retorno de espuma, sendo essa uma manifestação patológica frequente, principalmente em lavanderias.

A NBR 8160:1999, no item 4.2.4.2, indica em edifícios verticais, nos tubos de queda que recebem esgoto com espuma (de pias, tanques, máquinas de lavar, e similares), devem ser adotadas soluções que evitem o retorno de espuma para os ambientes. A norma recomenda algumas soluções, como: uso de dispositivos antiespuma; não efetuar ligações de tubulações de esgoto ou de ventilação nas regiões de sobrepressão (Figura 7.7); e efetuar o desvio do tubo de queda para a horizontal com curvas de 90° de raio longo ou duas curvas de 45°, a fim de atenuar a sobrepressão.

Figura 7.7 Zonas de sobrepressão.

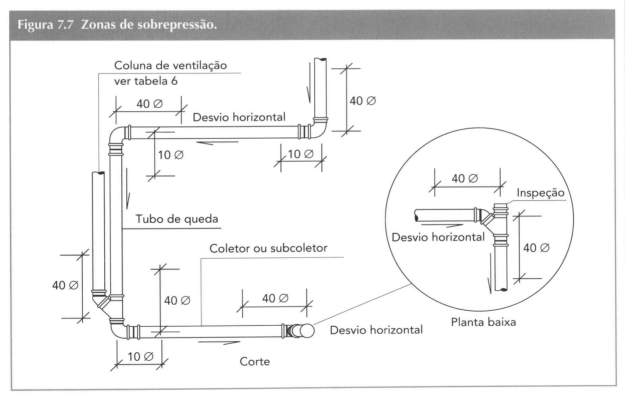

Fonte: NBR 8160:1999 (ABNT).

REQUISITO – FUNCIONAMENTO DAS INSTALAÇÕES DE ÁGUAS PLUVIAIS

Critério – Dimensionamento de calhas e condutores

As calhas e condutores devem suportar vazão de projeto, devendo esta ser calculada a partir da intensidade de chuva adotada para o local, considerando o período de retorno recomendado. A avaliação consiste em uma análise de projeto, no qual o projetista deve atender à NBR 10844:1989.

ADEQUAÇÃO AMBIENTAL

REQUISITO – CONTAMINAÇÃO DO SOLO E DO LENÇOL FREÁTICO

Critério – Tratamento e disposição de efluentes

A rede de esgoto deverá estar ligada à rede pública de esgoto ou a um sistema localizado de tratamento e disposição de efluentes, atendendo à NBR 8160:1999, NBR 7229:1993 e NBR 13969:1997, as quais indicam os critérios de projeto das instalações prediais de esgoto e sistemas de tratamento e disposição. A avaliação consiste em análise de projeto, no qual o projetista deve atender às normas, declarando isso no projeto.

No aspecto de deposição de esgoto, a Parte 1 da NBR 15575:2013 apresenta o critério 18.4.1, denominado "utilização e reúso de água", que não é apresentado em momento algum na Parte 6, porém refere-se aos sistemas hidrossanitários.

Este critério, além de exigir que as águas servidas sejam encaminhadas à rede pública ou a tratamento adequado, recomenda que as instalações hidrossanitárias minimizem o consumo de água e possibilitem o reúso, medida que reduz o volume de esgoto a ser tratado. Para tanto, a norma estabelece os parâmetros mínimos de qualidade da água nos casos de reúso para fins não potáveis.

REFERÊNCIAS

AIDAR, Fernando Henrique. O incomodo ruído das instalações hidraulicas. *Téchne*, São Paulo, Pini, n. 35, p. 38-42, jul./ago. 1988.

ARAÚJO, Emerson de Andrade. *Patologias em instalações prediais*. In: CURSO DE INSTALAÇÕES HIDRÁULICAS, 2012. São Paulo. *Curso...* São Paulo: Amanco, 2012.

ALVES, Castilho Wolney; Zanella, Luciano; Santos, Maria Fernanda Lopes dos. *Sistema de aproveitamento de águas para usos não potáveis. Téchne*, São Paulo, Pini, n. 133, p. 100-104, abr. 2008.

AMANCO. Catálogos de produtos. Disponível em: <http://amanco.com.br/produtos>. Acesso em: 21 abr. 2018.

AMORIM, S. V. *Custos relacionados com a qualidade em sistemas prediais hidráulico-sanitários.* 1994. In: VIII Simpósio Nacional de Sistemas Prediais. *Anais*, p. 145-154, 27-28 set. 1994, São Paulo.

AMORIM, S. V.; Dias Jr., R. P.; Souza, K. E. *Melhoria da qualidade dos sistemas prediais hidráulicos e sanitários através do estudo da incidência de falhas.* In: X Encontro Nacional de Tecnologia do Ambiente Construído. *Anais*, p. 16-19, 18-21 jul. 2004, São Paulo.

AMORIM, S. V.; Fugazza, A. E. (colaborador). *Incidência de falhas em sistemas prediais: estudo de caso.* In: IV CONGRESSO IBEROAMERICANO DE PATOLOGIA DAS CONSTRUÇÕES; VI CONGRESSO DE CONTROLE DE QUALIDADE, *Anais*, 21-24 out. 1997. Porto Alegre.

AMORIM, S. V. *Instalações prediais hidráulico-sanitárias: desempenho e normalização.* Dissertação (Mestrado). Escola de Engenharia de São Carlos, Universidade de São Paulo, São Carlos, 1989.

AMORIM, S. V.; Vidotti, E.; Cass, A. J. R. *Patologias das instalações prediais hidráulico-sanitárias, em edifícios residenciais em altura, na cidade de São Carlos.* In: ENCONTRO NACIONAL DE TECNOLOGIA DO AMBIENTE CONSTRUÍDO-ENTAC 93. *Anais*, p. 15-523. São Paulo, Escola Politécnica da Universidade de São Paulo, 1993.

ASSOCIAÇÃO BRASILEIRA DE NORMAS TÉCNICAS. *Instalação predial de águas pluviais.* NBR 10844. Rio de Janeiro, 1989.

ASSOCIAÇÃO BRASILEIRA DE NORMAS TÉCNICAS. NBR 12213:1992 – Projeto de captação de água de superfície para abastecimento público.

ASSOCIAÇÃO BRASILEIRA DE NORMAS TÉCNICAS. NBR 12217:1994 – Projeto de reservatório de distribuição de água para abastecimento público.

ASSOCIAÇÃO BRASILEIRA DE NORMAS TÉCNICAS. NBR 5899:1995 - Aquecedor de água a gás instantâneo.

ASSOCIAÇÃO BRASILEIRA DE NORMAS TÉCNICAS. *Perícias de engenharia na construção civil.* NBR 13752. Rio de Janeiro,1996.

ASSOCIAÇÃO BRASILEIRA DE NORMAS TÉCNICAS. NBR 13969:1997 - Tanques sépticos - Unidades de tratamento complementar e disposição final dos efluentes líquidos - Projeto, construção e operação.

ASSOCIAÇÃO BRASILEIRA DE NORMAS TÉCNICAS. NBR 8160:1999 - Sistemas prediais de esgoto sanitário - Projeto e execução.

ASSOCIAÇÃO BRASILEIRA DE NORMAS TÉCNICAS. NBR 8130:2004 - Aquecedor de água a gás tipo instantâneo - Requisitos e métodos de ensaio.

ASSOCIAÇÃO BRASILEIRA DE NORMAS TÉCNICAS. NBR 13206:2010 - Tubo de cobre leve, médio e pesado, sem costura, para condução de fluidos – Requisitos.

ASSOCIAÇÃO BRASILEIRA DE NORMAS TÉCNICAS. NBR 15857:2011 - Válvula de descarga para limpeza de bacias sanitárias — Requisitos e métodos de ensaio.

ASSOCIAÇÃO BRASILEIRA DE NORMAS TÉCNICAS. *Sistemas de tubulações plásticas para instalações prediais de água quente e fria — Polietileno reticulado (PEX). Parte 1: Requisitos e métodos de ensaio.* NBR 15939-1. Rio de Janeiro, 2011a.

ASSOCIAÇÃO BRASILEIRA DE NORMAS TÉCNICAS. *Sistemas de tubulações plásticas para instalações prediais de água quente e fria — Polietileno reticulado (PEX). Parte 2: Procedimentos para projeto.* NBR 15939-2. Rio de Janeiro, 2011b.

ASSOCIAÇÃO BRASILEIRA DE NORMAS TÉCNICAS. NBR 5674:2012 - Manutenção de edificações — Requisitos para o sistema de gestão de manutenção.

ASSOCIAÇÃO BRASILEIRA DE NORMAS TÉCNICAS. NBR 16057:2012 – Sistema de aquecimento de água a gás (SAAG): projeto e instalação.

ASSOCIAÇÃO BRASILEIRA DE NORMAS TÉCNICAS. *Manutenção de edificações — Requisitos para o sistema de gestão de manutenção*. NBR 5674. Rio de Janeiro, 2012.

ASSOCIAÇÃO BRASILEIRA DE NORMAS TÉCNICAS. NBR 15575:2013 -Desempenho de edificações habitacionais.

ASSOCIAÇÃO BRASILEIRA DE NORMAS TÉCNICAS. NBR 15575:2013 Edificações habitacionais - Desempenho - Parte 6: Requisitos para os sistemas hidrossanitários.

ASSOCIAÇÃO BRASILEIRA DE NORMAS TÉCNICAS. *Desempenho de edificações habitacionais.* NBR 15575. Rio de Janeiro, 2013.

ASSOCIAÇÃO BRASILEIRA DE NORMAS TÉCNICAS. NBR 6118:2014 – Projeto de Estruturas de Concreto – Procedimento.

ASSOCIAÇÃO BRASILEIRA DE NORMAS TÉCNICAS. *Diretrizes para elaboração de manuais de uso, operação e manutenção das edificações - Requisitos para elaboração e apresentação dos conteúdos*. NBR 14037. Rio de Janeiro, 2014.

ASSOCIAÇÃO BRASILEIRA DE NORMAS TÉCNICAS. *Reforma em edificações - Sistema de gestão de reformas - Requisitos*. NBR 16280. Rio de Janeiro, 2015.

ASSOCIAÇÃO BRASILEIRA DE NORMAS TÉCNICAS. NBR 10540:2016 - Aquecedores de água a gás tipo acumulação — Terminologia.

ASSOCIAÇÃO BRASILEIRA DE NORMAS TÉCNICAS. NBR 10152:2017, Acústica - Níveis de pressão sonora em ambientes internos a edificações.

ASSOCIAÇÃO BRASILEIRA DE NORMAS TÉCNICAS. *Reservatório com corpo em polietileno, com tampa em polietileno ou em polipropileno, para água potável de volume nominal até 3 000 L (inclusive) - Requisitos e métodos de ensaio*. NBR 14799. Rio de Janeiro, 2018.

ASSOCIAÇÃO BRASILEIRA DE NORMAS TÉCNICAS. *Reservatório com corpo em polietileno, com tampa em polietileno ou em polipropileno, para água potável de volume nominal até 3 000 L (inclusive) - Transporte, manuseio, instalação, operação, manutenção e limpeza*. NBR 14800. Rio de Janeiro, 2018b.

ASSOCIAÇÃO BRASILEIRA DE NORMAS TÉCNICAS. NBR 15527:2019 – Água de chuva – aproveitamento de coberturas em áreas urbanas para fins não potáveis.

ASSOCIAÇÃO BRASILEIRA DE NORMAS TÉCNICAS. NBR 12214:2020 – Projeto de estação de bombeamento ou de estação elevatória de água — Requisitos.

ASSOCIAÇÃO BRASILEIRA DE NORMAS TÉCNICAS. NBR 5626:2020 – Sistemas prediais de água fria e água quente – Projeto, execução, operação e manutenção.

ASSOCIAÇÃO BRASILEIRA DE NORMAS TÉCNICAS. NBR 13103:2020 – Instalação de aparelhos a gás: requisitos.

ASSOCIAÇÃO BRASILEIRA DE NORMAS TÉCNICAS. NBR 15569:2020- Sistema de aquecimento solar de água em circuito direto — Requisitos de projeto e instalação.

ASSOCIAÇÃO BRASILEIRA DE NORMAS TÉCNICAS. *Inspeção predial - Diretrizes, conceitos, terminologia e procedimentos.* NBR 16747. Rio de Janeiro, 2020.

ASSOCIAÇÃO BRASILEIRA DE NORMAS TÉCNICAS. *Sistemas prediais de água fria e água quente - Projeto, execução, operação e manutenção.* NBR 5626. Rio de Janeiro, 2020.

COMPANHIA DE SANEAMENTO BÁSICO DO ESTADO DE SÃO PAULO. *Pesquisa de vazamentos.* São Paulo, ago. 1992.

BRASIL. Lei 8.078, de 11 de setembro de 1990. Estabelece o Código de Defesa do Consumidor. Diário Oficial da República Federativa do Brasil. Brasília – DF, 11 set. 1990. Seção IV – Das práticas abusivas, artigo 39; artigo 50.

CARVALHO JR., R. *Instalações hidráulicas e o projeto de arquitetura.* 12. ed. São Paulo: Blucher, 2019.

CARVALHO JR., R. *Instalações prediais hidráulico-sanitárias*: princípios básicos para elaboração de projetos. São Paulo: Blucher, 2020.

CHAMA NETO, Pedro Jorge. *Avaliação de desempenho de tubos de concreto com fibras de aço.* Dissertação (Mestrado). Escola Politécnica da Universidade de São Paulo. São Paulo, 2002.

CHAMA NETO, Pedro Jorge; Relvas, Fernando José. Avaliação comparativa de desempenho entre tubos rígidos e flexíveis para utilização em obras de drenagem de águas pluviais. *Boletim Técnico ABTC/ABCP*, São Paulo, 2003.

CIOCCHI, Luiz. Para utilizar água de chuva em edificações. *Téchne*, São Paulo, Pini, n. 72, p. 58-60, mar. 2003.

COSTA, Danilo. Com todo o respeito, aproveite a natureza. *Arquitetura & Construção*, Abril, São Paulo, p. 74-77, nov. 2004.

CREA/SP. *Código de proteção e defesa do consumidor: Lei nº 8.078 de 11.09.1990.* Manual do profissional.

CREDER, Hélio. *Instalações hidráulicas e sanitárias.* 5. ed. Rio de Janeiro, Livros Técnicos e Científicos, 1991.

CUMULUS. *Aquecedores a gás de acumulação* – manual de uso e instalação, 1995.

DECA. Catálogos de produtos. Disponível em: <https://www.deca.com.br/produtos/>. Acesso em: 21 abr. 2018.

DOCOL. Catálogos de produtos. Disponível em: <https://www.docol.com.br/pt/produto>. Acesso em: 21 abr. 2018.

ELUMA. Catálogos de produtos. Disponível em: <https://www.aecweb.com.br/emp/p/eluma_1480_1>. Acesso em: 21 abr. 2018.

FABRICIO, M. M.; Melhado, S.B. *Por um processo de projeto simultâneo*. In: II Workshop Nacional: Gestão do processo de projeto na construção de edifícios. *Anais*, PUC/RS - UFSM - EESC/USP, Porto Alegre, 2002. CD-ROM (publicação e apresentação do artigo).

FABRIMAR. Instrução para Instalação de produtos. *Torneira eletrônica de banca acquamagic*. Rio de janeiro, fev. 1997.

GNIPPER, S. F. Especificações recomendadas para a contratação de projetos de instalações hidráulicas. In: 58º Encontro Nacional da Construção. *Anais*, 29-30 ago. 1993, Belém.

GNIPPER, S. F. Patologias mais frequentes em sistemas hidráulico-sanitários e de gás combustível de edifícios residenciais em Curitiba. In: X Simpósio Nacional de Sistemas Prediais. *Anais*, São Carlos. 29-30 ago. 2007.

GNIPPER, Sérgio. Qual a durabilidade do encanamento de um edifício? Qual o melhor material para as tubulações hidráulicas? Instituto Brasileiro de Arquitetura. *Fórum da Construção*. Disponível em: <http://www.forumdaconstrucao.com.br/conteudo.php?a=27&Cod=103>. Acesso em: 4 dez. 2012.

GNIPPER, Sérgio. *Soluções para evitar retorno de espuma nas instalações hidráulicas da A.S.* 10 out. 2010. Disponível em: <http://consultoriaeanalise.com/2010/10/solucoes-para-evitar-retorno-de-espuma-nas-instalações-hidráulicas-da.htm>. Acesso em: 28 nov. 2012

GONÇALVES, Orestes Marraccini. In: Prado, Racine Tadeu de Araújo (org.). *Execução e manutenção de sistemas hidráulicos prediais*. São Paulo, Pini, 2000.

IBAPE-SP/CREA-SP. *Manal do proprietário: a saúde dos edifícios*. São Paulo, 1998.

ILHA, M. S. O. *A investigação patológica na melhoria dos sistemas prediais hidráulico-sanitários*. Hydro, Aranda, São Paulo, ano 30, n. 30, p.60-65, abr. 2009. Ilha, M. S. O. *Qualidade dos sistemas hidráulicos prediais*. São Paulo, 1993. 50 p. Texto Técnico TT/PCC/07. Departamento de Engenharia de Construção Civil, Escola Politécnica da Universidade de São Paulo.

IUNES, Marcelo Costa. *Instalações e patologias*. In: CURSO DE INSTALAÇÕES HIDRÁULICAS, 2012. São Paulo: TIGRE, 2012.

LEAL, Ubiratan. Ruídos em tubulações podem ter várias causas. *Téchne*, São Paulo, Pini, n. 72, p. 48-51, mar. 2004.

LICHTENSTEIN, N. B. *Patologia das construções: procedimentos para formulação do diagnóstico de falhas e definição de conduta adequada à recuperação de edificações*. Dissertação (Mestrado), Escola Politécnica, Universidade de São Paulo, São Paulo, 1985.

MACINTYRE, Joseph Archibald. *Manual de instalações hidráulicas e sanitárias*. Rio de Janeiro, Guanabara, 1990.

MANUAL DE INSTALAÇÃO DE TUBULAÇÕES ENTERRADAS DE PRFV. Joplas Industrial Ltda.

MARTINHO, Edson; Aguiar, João Guilherme. *Instalações de cobre para condução de água quente*. PiniWeb, São Paulo, 1º out. 2003. Disponível em: <http://www.piniweb.com.br/construcao/noticias/instalacoes-de-cobre-para-conducao-de-agua-quente.htm>. Acesso em: 18 nov. 2012.

MARTINS, M. S.; Hernandes, A. T.; morim, S. V. Ferramentas para melhoria do processo de execução dos sistemas hidráulicos prediais. In: III Simpósio Brasileiro de Gestão e Economia da Construção, *Anais*, p. 16-19, set. 2003, São Carlos, 2003.

MAWAKDIYE, Alberto. A fonte secou. *Téchne*, Pini, São Paulo, n. 21, p. 14-17, jan./fev. 1996.

MELO, Vanderley de Oliveira; Azevedo Netto, José M. *Instalações prediais hidráulico-sanitárias*. São Paulo, Blucher, 1988.

MIKALDO JÚNIOR, Jorge; GNIPPER, Sérgio. *Patologias frequentes em sistemas prediais hidráulico-sanitários e de gás combustíveis decorrentes de falhas no processo de produção do projeto*. In: VII Workshop Brasileiro de Gestão do Processo de Projetos na Construção de Edifícios. Curitiba, PR, 2007.

MORAES, Anderson. *As causas das patologias de sistemas hidráulicos*. Disponível em: http://www.engenharia e arquitetura.com.br/noticias/568/As-causas-das-patologias-de-s....htm>. Acesso em: 14 out. 2012.

NAKAMURA, Juliana. Cada coisa em seu lugar. *Techné*, São Paulo, Pini, n. 156, p. 30-32, mar. 2010.

NAKAMURA, Juliana. "Check-up predial". *Téchne*, São Paulo, Pini, n. 184, p. 44-51, jul. 2012.

OKAMOTO, Patrícia Seiko. Os impactos da Norma brasileira de desempenho sobre os processos de projeto de edificações residenciais. São Paulo. 2015.

OKAMOTO, P. S.; MELHADO; S. B. A norma brasileira de desempenho e o processo de Projeto de empreendimentos residenciais - ENTAC. 2014.

OLIVEIRA, Castrignano de; Carvalho, Cinésio Rodrigues de. *Saneamento do meio*. 5.ª ed. São Paulo, Senac, 2005.

ORNSTEIN, S.; Roméro, M. (colaborador). *Avaliação pós-ocupação (APO) do ambiente construído*. São Paulo, Studio Nobel, Edusp, 1992.

PETRECHE, J. R. D. *Reflexão sobre metodologias de projeto arquitetônico*. Ambiente Construído, Porto Alegre, v. 6, n. 2, p. 7-19, abr./jun. 2006.

ROCHA, Hildebrando Fernandes. Importância da manutenção predial preventiva. *Holos*, ano 23, v. 2. 2007.

SOUZA, Marcos Ferreira de. *Patologias ocasionadas pela umidade nas edificações*. Monografia apresentada para obtenção do título de Especialista em construção civil. UFMG. Belo Horizonte, UFMG, 2008.

THOMAZ, E. Tecnologia, gerenciamento e qualidade na construção. São Paulo, Pini, 2000.

TIGRE. *Catálogo de produtos*.

TOZAK, A; et al. *Manual técnico de manutenção e recuperação*. FDE. Diretoria de Obras e Serviços. São Paulo, 1990.

VERÇOZA, E. J. *Patologia das Edificações*. Porto Alegre, Editora Sagra, 1991.